儿童
反内耗
心理学

刘晓丽 / 著

苏州新闻出版集团
古吴轩出版社

图书在版编目（CIP）数据

儿童反内耗心理学 / 刘晓丽著. -- 苏州 ： 古吴轩
出版社, 2025. 6. --ISBN 978-7-5546-2651-1

Ⅰ. B842.6；G782

中国国家版本馆CIP数据核字第2025NW1106号

责任编辑：胡 玥
策　　划：汲鑫欣
装帧设计：尧丽设计

书　　名：**儿童反内耗心理学**
著　　者：刘晓丽
出版发行：**苏州新闻出版集团**
　　　　　古吴轩出版社
　　　　　地址：苏州市八达街118号苏州新闻大厦30F
　　　　　电话：0512-65233679　　邮编：215123
出 版 人：王乐飞
印　　刷：水印书香（唐山）印刷有限公司
开　　本：670mm×950mm　　1/16
印　　张：11
字　　数：105千字
版　　次：2025年6月第1版
印　　次：2025年6月第1次印刷
书　　号：ISBN 978-7-5546-2651-1
定　　价：46.00元

如有印装质量问题，请与印刷厂联系。022-69396051

著名心理学家阿德勒曾说："幸运的人一生都被童年治愈，不幸的人一生都在治愈童年。"孩子如果陷入心理内耗，那么本应充满欢乐、无忧无虑的童年时光便可能被阴霾笼罩，甚至未来的人生轨迹也可能受影响。

如今，孩子遭受内耗的困扰——情绪波动频繁、学习时注意力不集中、做事拖延、回避社交等现象屡见不鲜，这些问题不仅关乎孩子当下的成长体验，更无形地影响着孩子的心理健康和社会适应能力。

本书聚焦于上述这些亟待解决的问题，旨在为广大家长提供科学、系统且实用的指导，助力孩子摆脱内耗的束缚，走上积极、阳光的成长之路。本书从心理学专业视角出发，深入剖析内耗产生的根源，涉及孩子自身的心理特质，以及家庭、学校、社会等多方面因素。

孩子的内心世界丰富多彩且心思极为敏感。他们正处于身体快速成长的阶段，大脑的发育尚未成熟，这使得他们在面对外界的各种刺激时，更容易产生强烈的情绪反应。从马斯洛的需求层次理论来看，孩子在成长过程中有归属与爱、尊重以及自我实现等需求。如果这些需求得不到满足，或者在追求这些需求的过程中遭遇挫折，孩子便容易产生内耗。例如，有些孩子对周围环境和他人的评价高度敏感，他们渴望在各个方面都表现得非常出色，以此获得他人的认可，一旦受到批评、遭遇失败等，就很容易陷入自我怀疑和否定的情绪中，从而消耗大量的心理能量。

除了孩子自身的心理特质，家庭作为孩子成长的第一环境，对孩子的心理健康发展起着至关重要的作用。家庭系统理论（一种融合了心理学和社会学视角的理论框架，强调家庭作为一个复杂的、相关联的整体系统，其成员之间的互动和关系影响个体的心理和行为）指出，家长在家庭中扮演着关键角色，家长的言行举止、教育方式以及家庭氛围，都深刻影响着孩子的心理状态。不当的家庭教育，如过高期望、过度批评、溺爱或过度保护等，都可能导致孩子产生内耗。

学校，是孩子成长的重要场所。老师的评价、学业的竞争压力、校园中的人际关系等，同样对孩子的心理有着不可忽视的影响。

随着年龄的增长，孩子与社会的接触日益增多，不再如生活在象牙塔中。媒体传播的各种信息、社会上的一些刻板印象等，这些环境因素也在影响着孩子的认知、情绪和心理。

以上种种因素，都在无形中影响着孩子的身心健康，可能让他焦虑、不安，产生心理内耗。为了帮助孩子摆脱内耗，本书提出了一系列全面且实用的方法。比如，从让孩子对内耗"脱敏"入手，帮助家长为孩子构建家庭支持系统，让家庭成为孩子放松身心的港湾；培养孩子的自我效能感，让孩子通过各种小成就不断增强自信；让家长着力培养孩子的钝感力，增强孩子的心理韧性。在情绪管理方面，助力家长教会孩子正确释放负面情绪，向孩子传递正面情绪并提供实用的情绪调节技巧，培养孩子的乐观心态。同时，本书还教家长学会运用赏识教育，让孩子在被认可中提升自我价值感；帮助孩子学会屏蔽外界的声音，教孩子正确看待失败，培养自我肯定意识。在人际交往方面，引导孩子树立正确观念，警惕讨好型人格，明确自身的底线，设定个人边界，学会取悦自己，保护自己的精力。

　　正如苏霍姆林斯基所说："教育的艺术首先包括谈话的艺术。"希望本书能成为家长与孩子之间沟通的桥梁，成为家长教育孩子的得力助手，帮助孩子驱散内耗的阴霾，让孩子在充满阳光的环境中茁壮成长，身心轻快、自由而且舒展，奔赴积极、健康、充满无限希望与可能的人生。

目 录

第一章

反内耗，从认识内耗开始

身为家长的我们在向孩子提供任何实质性的帮助之前，必须先对内耗进行深入且全面的认识。只有清晰地了解内耗的本质、产生机制以及它在孩子日常生活和心理层面的具体表现，我们才能制定出切实有效的策略，帮助孩子驱散自卑的阴霾，让孩子阳光、自信地踏上成长道路 。

观察孩子的变化
——五大信号教你识别孩子是否内耗

每位家长都希望孩子能像春日原野上蓬勃生长的植物，在阳光的照耀下舒展身姿，绽放出生命的活力。然而，有一种无形却极具破坏力的"寒流"会悄然导致孩子变得无精打采，这就是内耗。

从心理学的角度来看，内耗意味着个体在自身的精神与情感天地中进行了过度的自我拉扯，从而陷入自我消耗。

长期的内耗状态带给孩子的负面影响是多方面且深远的。长期内耗会使孩子的大脑始终处于应激状态，大脑中的杏仁核也会因此而过度活跃。这会导致孩子的情绪波动变得剧烈，急躁、焦虑、抑郁等负面情绪如同汹涌的潮水，一波接着一波，频繁地向孩子袭来，而孩子自己很难有效地调节这些负面情绪，有时一件微不足道的小事就可能让孩子长时间地陷入情绪低谷。这是因为内耗就像一个贪心的资源掠夺者，无情地大量消耗孩子宝贵的认知资源。根据心理学家约翰·斯威勒提出的"认知负荷理论"，我们知道，人的认知资源相当有限。如果孩子陷入内耗，那么他的注意力、思维能力等，就被分散到对各种毫无意义的问题的纠结与担忧之中。曾经那个专心学习、对新知识满怀好奇、积极探索的孩子不见了，取而代之的是在学习时频繁走神、成绩明显下滑的孩子。

作为家长，我们怎么能忍心看着孩子在内耗这场没有硝烟的战争中独自挣扎、备受煎熬呢？实际上，只要我们留意到孩子出现以下五大日常行为表现，就能够精准地捕捉到孩子内耗的蛛丝马迹，从而采取有针对性的行动，为孩子驱散内耗的阴霾，帮助孩子重新回到健康、快乐的成长轨道，让孩子再次绽放出灿烂笑容。

一　情绪波动频繁且持久

孩子如果经常无缘由地陷入低落、焦虑、烦躁不安等负面情绪，且持续时间较长，难以自行平复，那就需要我们注意了。例如，原本开朗活泼的孩子，突然变得沉默寡言，一整天都眉头紧锁，对平时喜欢的玩具、游戏都提不起兴趣，在我们询问时，孩子要么敷衍地回应，要么不耐烦地发脾气。这种情绪上出现的明显变化，很可能是孩子内心正在经历内耗的信号。孩子可能是在生活中遭遇了挫折，也可能是与同学相处得不愉快，他反复在心里琢磨这些烦心事，导致情绪持续低落。

　　周末，爸爸提议一家人去公园放风筝。这原本是阳阳最期待的活动，可这次他却一脸不高兴地拒绝了："我不想去，没意思，你们自己去吧！"说完，他就把自己关在房间里。爸爸觉得很奇怪，悄悄走进房间，看到阳阳趴在桌上，眼眶红红的，像是刚哭过。在爸爸的耐心询问下，阳阳才委屈地说，在学校里，他最好的朋友突然不理他了，还和别的同学一起嘲笑他画画难看，他心里特别难受，这些天一直在想这件事，做什么事都提不起劲儿。

　　阳阳这种情绪上的巨大变化，是典型的内耗的表现。他因朋友之间发生的矛盾以及受到同学嘲笑而产生困扰，他在心里反复咀嚼这些令自己心情不好的经历，导致情绪持续低落、消沉。

二　做事拖延、效率低下

　　孩子在写作业或运动、做家务时，总是拖拖拉拉，明明时间充裕却非要磨蹭到最后一刻，而且完成质量不高，频繁出错，这极有可能也是内耗的表现。就像有的孩子写作业时，一会儿摆弄铅笔，一会儿发呆望向窗外，看似在思考，实则大脑里一片混乱，无法专注于手头的事情。他可能在回想老师的批评，担心同学的看法，或者对自己的能力极度不自信，害怕做得不好……这些心理负担使得他难以全身心投入，做事的效率大打折扣。

晚饭后，晓妍准时坐在书桌前开始写作业。刚写了没几个字，她就像是突然想起了什么，打开书包翻找，找了半天却什么也没拿出来。然后她开始发呆，眼睛直勾勾地望着窗外。妈妈在一旁提醒她要专心写作业，她嘴上答应着，可没过几分钟又开始走神儿。

眼看已经过去一个多小时，她的作业才写了一小部分，而且错误百出。妈妈着急地问她怎么回事，晓妍低着头，小声说："我怕作业写得不好，老师会批评我，同学们也会笑话我……"原来，上周老师在课堂上批评了几个作业完成质量差的同学，其中就有晓妍。这让晓妍写作业时脑子里全是老师批评她的画面和同学的笑声，无法专注地写作业，效率变得极低。其实，这也是内耗在作祟，且严重影响了晓妍完成任务的能力。

三　社交回避倾向加剧

倘若孩子原本乐于参加社交活动，喜欢和小伙伴一起玩耍、交流，最近却突然开始回避社交，拒绝参加集体活动等，即便勉强参与，也表现得十分拘谨、不自在，这也是孩子可能存在内耗情况的信号。

比如，班级组织郊游，孩子以往总是积极参加，这次却找各种理由推托，不是说身体不舒服，就是说自己没兴趣。或者，在课间休息时，其他同学聚在一起谈天说地，孩子却独自坐在座位上，眼神游离，不敢主动融入。发生这些情况，或许是因为孩子在某次社交中受到了伤害，于是内心产生纠结和矛盾。他既渴望友谊，又害怕被拒绝或被伤害，担心再次遭遇类似情况，从而陷入内耗，选择回避社交来保护自己。

这天，晨晨的班主任给晨晨爸爸打来电话，反映在大课间休息时，其他同学都在操场上做各种活动，只有晨晨既不参与活动，也不和同学聊天，孤零零地坐在操场边的长椅上。晚上，爸爸和晨晨谈心后才知道，原来前段时间晨晨在一次篮球比赛中不小心犯规，导致班级输了比赛，有几个同学当时就埋怨他，说他拖了班级的后腿，从那以后，晨晨就变得特别害怕和同学们一起玩，担心再犯错，被大家指责。他内心非常纠结，既渴望像以前一样和大家愉快地玩耍，又害怕再次遭遇类似的尴尬场面。最后，他选择回避和同学一起活动、玩耍来逃避可能出现的令自己难受的事情。

四　热情减退或消失

观察孩子对兴趣爱好的态度。如果他逐渐失去热情，不再主动去做喜欢的事，甚至彻底放弃，那么也要警惕孩子可能存在内耗的问题。例如，曾经痴迷于绘画的孩子，现在却任由画笔和画纸在角落积灰，原本每周都会去上绘画课，现在却千方百计找理由逃课；原本热爱阅读的孩子，却好久都没翻过书架上的书，也不再参加读书分享会；等等。这可能是因为孩子在追求兴趣的过程中遇到了困难，或收到了来自外界的负面评价，于是内心不断地自我怀疑，在纠结中耗费大量精力，最终磨灭了兴趣。

小宇以前每天至少弹一个小时钢琴，但是最近他一周都难得碰一次钢琴，琴盖上落了一层灰。周末，又到了上钢琴课的时间，小宇找借口不想去，一开始说自己头疼，后来又说自己肚子疼，看妈妈坚决不同意，他甚至偷偷把琴谱藏起来，假装找不到琴谱，没法儿上课。

妈妈问他为什么不想去上钢琴课，小宇低着头，沉默了好久才说："上次钢琴比赛，我没发挥好，台下好多人都在笑我，我觉得自己根本就不是弹钢琴的料……"原来，那次比赛失利后，小宇受到了很大的打击，产生了严重的自我怀疑，不断在心里想自己是不是真的没有弹钢琴的天赋。他将大量精力耗费在这种纠结和怀疑中，对钢琴的热爱逐渐被磨灭，最终他选择放弃。这便是内耗对孩子兴趣爱好的侵蚀。

五　身体莫名出现不适症状

有些孩子在内耗严重时，产生的心理压力会反映在身体上，身体可能莫名出现一些不适症状，如头疼、肚子疼、失眠等，但去医院检查又查不出实质性的生理疾病。例如，孩子每到上学前就喊肚子疼，休息一会儿后似乎没事了，可是一到学校又开始难受。这是因为孩子的内心出现焦虑、紧张等负面情绪，身体的自主神经系统受到影响，引发一些躯体化反应。作为家长，此时应关注孩子的心理状态，观察孩子是否存在内耗情况。

萌萌是个健康活泼的小女孩，很少生病。可是，最近妈妈被萌萌突然出现的"怪病"折腾得焦头烂额。

最近早上上学前，萌萌总喊"肚子疼"，有时疼得在床上直打滚。妈妈心急如焚，赶紧带她去医院。可到了医院，做了各种检查，医生却说萌萌的身体没有问题，只建议她休息一天。在家待了一天，萌萌似乎好了一些，可第二天上学前，她肚子疼的毛病又犯了。

不仅如此，萌萌晚上还经常失眠，在床上翻来覆去睡不着，第二天早上起来就顶着两个大大的黑眼圈。妈妈仔细观察后发现，萌萌只有在上学前、考试前，身体才会出现这些不适症状。

后来，妈妈和萌萌耐心沟通，才知道原来萌萌是在一次数学考试没考好后开始焦虑和紧张，后来才逐渐出现肚子疼、失眠等情况的。

　　萌萌的情况就是典型的严重内耗的躯体化反映。家长发现这类情况时，一定要关注孩子的心理状态，确认孩子是否存在内耗情况。

孩子为什么容易内耗
——高敏感与高需求特质解析

那天放学，晓萱回到家，"砰"的一声关上自己房间的房门，就再也没了动静。吃饭时间到了，妈妈喊了好几声，晓萱才不情不愿地走出来，拿起筷子，机械地往嘴里扒拉饭。

"晓萱，你不高兴啊？是不是和同学闹矛盾啦？"妈妈问道。晓萱只是摇了摇头，没说话。"你是不是学习太累了？"妈妈又关心地追问。晓萱依旧沉默着，只是眼眶微微泛红，过了好一会儿，才小声说了一句："我没事儿。"

晚上，晓萱在房间写作业，妈妈几次路过，看到她有时发呆，有时咬着笔头皱着眉。

后来，妈妈听到隐隐传来的抽泣声，她的心猛地一紧。

她走过去，看见晓萱趴在桌子上，肩膀一耸一耸的。

妈妈心疼地将晓萱揽入怀中。妈妈温暖的怀抱让晓萱觉得很安全，她一边哭一边向妈妈倾诉："今天的音乐课上，老师说我唱歌的节奏有点儿乱，这已经是她第三次对我提出意见了。我感觉老师很嫌弃我，我是不是唱得特别难听？当时我看到有几个同学互相看了一眼，还撇了撇嘴，他们一定是在笑话我……"

晓萱妈妈的眼眶瞬间湿润了。她终于明白，晓萱看似平静的外表下，藏着一颗极度敏感的心，容易产生内耗。

看了晓萱的案例，有的家长可能会很疑惑：为什么有的孩子总是大大咧咧、一副天不怕地不怕的样子，有些孩子却有一颗"玻璃心"，非常敏感，稍稍一碰就"心碎"？其实，这和孩子高敏感、高需求的心理、性格特质紧密相关。

高敏感、高需求的孩子对于感官刺激（如声音、光线、触觉等对感官系统的作用和影响）、情绪反应极为敏感，在与他人进行社交互动等方面容易表现得紧张或情绪激动，对于安全感和来自他人的关爱也有更高的需求。与此同时，这些孩子的内心深处还燃烧着一团炽热的火焰，他们极度渴望在学业、才艺、社交等诸多领域崭露头角，赢得他人的认同与尊重。而这样的性格、心理特点的形成，与孩子的大脑发育密切相关。

当孩子进入青春期，他们的大脑也进入高速发展的关键时期。大脑里有一个识别情绪和调节情绪的区域，叫作"杏仁核"。随着孩子的身体发育，杏仁核的活跃度飙升，拥有超强的情绪感知力，这就好比给孩子装上了一台灵敏的"情绪雷达"。正因如此，孩子才极易产生情绪波动，陷入情绪的漩涡，有时甚至难以自拔。而所谓"神经大条"，则可能是因为孩子的杏仁核对外界的刺激不太敏感，使孩子不太容易出现情绪波动。

此外，根据马斯洛需求层次理论，我们不难发现，进入青春期的孩子的自我意识如同春日里破土而出的春笋，呈现出蓬勃生长的态势。其中，归属与爱的需求、被尊重的意识和需求愈发凸显，让孩子满心渴望能够快速融入集体，希望凭借自身的不懈努力，在各个领域收获他人赞许的目光。高敏感、高需求的孩子，对于爱、关注和尊重等的需求，比一般孩子强烈得多，这导致他们很容易因现实的落差而倍感灰心。

学校成立了科技社团，小刚满怀热忱地报名加入。最近，社团活动需要大家展示自己的科技作品。小刚几乎把所有的课余时间都用于作品的制作，一心想在社团活动中大放异彩，获得老师和同学们的认可和赞赏。然而，在正式展示作品的那一天，由于过度紧张，小刚在讲解作品的过程中出现了一些小失误。台下的同学见状，发出了轻微的笑声，老师也微微皱了下眉头。这看似平常的一幕却如同一场暴风雨，瞬间将小刚内心的热情之火扑灭，让他的内心遭受重创。

从那天开始，小刚陷入了深深的自我怀疑。他当初的想象与现实形成了巨大落差，这使得小刚心中产生了严重的内耗。在之后很长一段时间内，他都萎靡不振。

家长如果仔细观察孩子在面对外界评价及与他人互动时的具体表现，就会发现一些端倪。具有高敏感、高需求特质的孩子，在社交场合中常常表现得小心翼翼。他们总是不动声色地仔细观察别人的表情，试图从细微之处了解他人对自己的态度、对自己行为的反馈，进而确保自己的言行恰到好处或不出现任何差错。在集体活动中，这类孩子往往在最后才会鼓起勇气发言。因为他们得先观察一番其他同学的发言和反应等，心里有底了，才敢表达自己的观点。这些看似不起眼的细节，其实透露出了孩子内心的敏感与不安。

这类孩子还有一个显著的特点，那就是：对自己感兴趣的事情投入度极高，极愿意付出时间和精力。这是因为他们内心深处极度渴望在自己擅长的领域获得成就感，获得他人的认可，满足自己的高需求。但是，一旦他们在追求兴趣的道路上遭遇挫折，他们所受的打击也是巨大的，甚至可能让他们一蹶不振，就像上面案例中的小刚。所以，家长如果发现孩子有类似的表现，就要看看孩子是否有高敏感、高需求的特质。

不过，家长首先要明确一点，那就是：孩子的高敏感、高需求的特质并非令人头疼的毛病，而是可以被看作孩子与生俱来的独特天赋。

高敏感使得孩子拥有较强的同理心，使孩子能够敏锐地感知他人的情绪，这在人际交往方面，无疑是珍贵的"超能力"。平时，家长可以鼓励孩子积极参与社区组织的志愿者服务活动等，让孩子在帮助他人的过程中充分发挥自己的优势。这样一来，孩子不仅能收获满满的成就感，自信心也会得到极大的提升。

此外，对于高敏感、高需求的孩子在学业、才艺等方面所表现出的对他人认可的强烈渴望，家长一定要给予及时且充分的关注。哪怕孩子取得的进步很小，家长也要真诚地赞美孩子，让孩子切实感受到自己的努力被家长看在眼里、记在心上了。通过这样的方式，孩子内心的高需求将会逐渐转化为源源不断的前进动力，推动孩子在成长的道路上奋勇前行。

　　营造温暖、包容的家庭氛围，对于高敏感、高需求的孩子来说，也至关重要。当孩子出现情绪方面的问题，情绪低落甚至伤心落泪时，家长千万不要急于批评孩子，也不要急着给孩子灌输各种道理，而是要先给孩子一个结结实实的拥抱，让孩子真切地感受到来自家长的爱与关怀。家长要让孩子知道，无论何时何地，家永远是他最温暖的避风港，他在父母这里是安全的，是被爱、被理解的。在温馨的家庭氛围中，孩子的情绪往往能够迅速得到安抚，内心也会逐渐恢复平静。

家长的态度很重要
——导致孩子内耗的家庭因素

孩子的成长受多方面因素的影响。家庭，作为孩子心灵永远的栖息港湾，对孩子的重要性不言而喻。家长的言行举止如同在孩子那柔软而纯真的心田里播下的一粒粒种子，随着时间的推移，生根、发芽，最终结出影响孩子性格、情绪乃至未来发展的果实。

每一位家长都希望自己的孩子开心、快乐、学有所成，可遗憾的是，家庭环境中的诸多因素却常常在不经意间化作阻碍，悄然将孩子推入内耗的泥沼。

苏然对学习充满热情，尤其喜欢钻研数学难题。课堂上，他总是积极地举手发言，无论答对与否，都不影响他对解决数学难题的兴趣。然而，一次数学考试让一切都改变了。

那次考试，由于发挥失常，苏然考砸了。他忐忑不安地拿着试卷回到家，满心期望能从父母那里得到一些安慰和帮助。可他刚把试卷递给爸爸，还没来得及开口，爸爸的脸色就瞬间阴沉了下来。爸爸眉头紧锁，大声数落起来："你看看你这成绩！这么简单的题都能做错，你怎么这么笨啊！"苏然低着头，眼眶泛红，泪水在眼眶里打转，双手紧紧地攥着衣角，身体微微颤抖。这时，妈妈也从房间里走出来。可她并没有安慰苏然，反而接着爸爸的话，继续数落苏然，还说苏然太让自己失望了。

从那之后，苏然对数学的学习态度来了个大转弯。写数学作业时，他总是犹犹豫豫，半天也解不出一道题，原本半个小时能完成的作业，却常常耗费很多时间。课堂上，他不再像以前那样积极、踊跃地举手，就算老师点到他的名字，他也是慢慢地站起来，回答的声音小得像蚊子嗡嗡，眼神中再也没有了以往的自信。

爸爸妈妈起初认为苏然的这些变化只是因为他对学习有些懈怠，并未意识到正是那次他们冲动之下的否定与批评，让苏然对数学学习产生了深深的畏难情绪。

　　苏然的经历着实令人惋惜和痛心。这也促使我们深入思考：为何家长的几句否定与批评，就能使孩子产生如此巨大的变化？

　　因为家长在家庭中扮演着主导者的关键角色，是家庭氛围的营造者，更是孩子建立内心安全感的基石。孩子自出生起，就天然地将家长视为全能的保护者，对家长充满依赖与信任，会在内心无意识地构建起"理想化父母"的形象。

　　然而，家长频繁或极端地对孩子进行否定与批评，就如同一场场暴风雨袭来，无情地打破了孩子心中构建的理想的父母形象。就以苏然为例，爸爸那几句尖锐的斥责，以及妈妈的失望，瞬间摧毁了苏然一直以来对父母的认可的渴望，让他内心深处的安全感轰然崩塌。此后，苏然学习数学时，内心被焦虑充斥：他害怕再次犯错，害怕又引来父母的不满……焦虑情绪不断啃噬他的内心，消耗着他本应用于学习知识、解决问题的精力。

　　在日常生活中，家长不经意间的否定与批评像一把把钝刀，会慢慢磨掉孩子的自信心与积极性。比如，当看到孩子成绩下滑，有些父母的第一反应不是去了解原因，而是贬低孩子的能

力："你怎么这么笨？这题都不会！"比如，孩子对着一道难
题苦思冥想许久，最后还是做错了，家长不但没有耐心引导，
反而来一句："之前教了你那么多次，你还是不会，你到底有
没有认真学啊？"家长完全忽视了孩子付出努力的过程，仅仅
以结果论成败。比如，饭后孩子主动洗碗，却不小心打碎了一
个盘子，家长不是先肯定孩子帮忙做家务的心意，而是立刻批
评："这么点儿小事你都做不好，还能干什么？"再比如，孩
子自己整理房间，虽然整理得不够好，但也付出了努力，家长
却视而不见，只盯着没整理好的角落，说："你整理了还不如
不整理！"

　　类似的情形有很多。这些常见的否定表达，反映出了家长
急于求成的心态——总是期望孩子一步到位，马上达到自己心
中的标准；也体现出家长习惯用成人的思维和标准去衡量孩
子，忽视了孩子还处在成长、学习的过程中，需要鼓励与引
导，而非否定和批评。长此以往，孩子怎会不感到郁闷、产
生内耗呢？

　　除了否定与批评，家长对孩子抱有的过高的期望以及对孩
子施加的过度的压力也是导致孩子产生内耗的重要家庭因素。
许多家长望子成龙、望女成凤，为孩子制定了很高的目标，不
管孩子自身的兴趣爱好与天赋秉性如何，一味地要求孩子在学
业上出类拔萃，在才艺方面样样精通。家长不惜血本给孩子报

五花八门的兴趣班，把孩子的课余时间排得满满当当。孩子几乎没有喘息的机会，往往感到身心俱疲。而孩子一旦无法达到父母设定的某个目标，内心便充满挫败感，开始不断地自我怀疑，觉得自己不够优秀、不够努力，从而陷入深深的内耗，将大量精力耗费在否定自我和恐惧失败上。

除了以上情形，倘若家庭中父母经常争吵，或者亲子关系经常处于紧张的对峙状态，那么孩子的内心也会时刻被不安与恐惧笼罩。在这种情形下，孩子做事无法集中注意力，内心也始终处于高度紧张的状态。

还有一种容易被忽视的、导致孩子内耗的家庭因素，那就是家长对孩子溺爱与过度保护。在一些家庭中，家长对孩子可谓呵护备至，几乎到了事事包办的地步。即便孩子已经到了能够自己穿衣、系鞋带、整理书包的年龄，家长却依然全部代劳。孩子想要尝试做一些力所能及的家务，家长却总是以"你还小，做不好"为由拒绝；当孩子在学校或家庭中遇到任何问题，家长更是第一时间冲上前去，为孩子解决一切困难，不让孩子经历任何挫折。

从表面上看，家长的这些举动体现了对孩子的满满的爱，但实际上，溺爱与过度保护剥夺了孩子锻炼自己能力的机会，使孩子在成长过程中缺乏独立性和自信心。当离开父母的庇护，独自面对生活中的各种挑战时，孩子就会显得手足无措，内心充满焦虑与恐惧。他们渴望独立，但长期被溺爱的经历又让他们缺乏独立解决问题的能力，这种矛盾会让孩子陷入内耗，不断地在自我否定与自我挣扎之间徘徊。

家庭对孩子的影响是全方位且深远的。作为家长，我们必须深刻认识到自己在孩子成长过程中的重要作用，及时反思并调整自己的教育方式以及家庭成员之间的互动模式，多给予孩子肯定与鼓励，尊重孩子的兴趣爱好和选择，营造和谐、温暖、鼓励孩子探索、支持孩子独立自主的家庭环境。只有这样，孩子才能摆脱内耗的阴影，健康、快乐地成长，绽放出属于自己的光芒。

外界的看法有多重影响
——导致孩子内耗的社会因素

通过上一小节的内容，我们已经深刻认识到家长作为孩子成长路上最亲近的陪伴者，其不当的言行会让孩子陷入内耗的困境。但是，孩子的世界并非仅有家庭这一维度，随着孩子走出家门，步入校园，融入集体，外界的种种看法和评论，同样有可能会引起孩子痛苦、焦虑、自我怀疑。

孩子自我认知（对自己的洞察和理解，包括自我观察和自我评价）形成的过程如同精心构建一座城堡，孩子每次与外界互动，都是为这座城堡添砖加瓦。他人的看法，无论是赞美还是批评，都会影响城堡的构建。外界的负面评价会让这座城堡发生晃动，孩子的自我认知也会随之混乱。这是因为，在孩子的成长过程中，自我认知的构建高度依赖外界的反馈，外界的反馈会对孩子的自我认知产生影响。

家长千万不要认为孩子还小，还没有接触社会，外界的反馈不会对孩子产生影响。

其实，孩子自出生起，他的社会化之旅就已经展开。渐渐地，孩子接触到宛如庞大舞台的社会，在这个舞台上扮演着形形色色的角色。在学校，孩子被期望成为成绩优异、遵守纪律的好学生；在其他公共场合，孩子得遵循各种行为规范，否则就有可能被视作"熊孩子"……

社会给孩子造成的影响复杂多样，而媒体作为现代社会信息传播的重要载体，对孩子的影响也日益显著。

电视、网络媒体上，新款电子产品、潮流服饰的广告让人目不暇接。于是，有些孩子陷入物质攀比的漩涡，一旦父母不能满足他们对物质的要求，他们要么大发脾气，要么闷闷不乐，甚至感到自卑与焦虑。

而虚拟世界塑造出的完美形象，更是让孩子在对比中放大自己的平凡与不足，种下自我怀疑的种子。那些沉迷于游戏的孩子一旦脱离游戏世界，回到平凡的日常，难免会产生失落感，对自己的能力、父母创造的条件等各方面产生不满。

此外，当孩子越来越频繁地接触网络，网络上的言论有时像一把把利刃，随时可能刺痛孩子。曾有孩子在网上分享自己的绘画作品却遭网友批评，说他画得难看、没有天赋等，孩子内心遭受重创，从此变得沉默寡言，不再愿意展示自己的作品。

社交媒体带来的负面影响令人担忧，而社会刻板印象（人们对各类人持有固定的看法，并以此作为判断、评价其人格的依据）更像枷锁一般，牢牢束缚着孩子的自我认知。例如，性别刻板印象使得男孩因喜欢粉色而被大家嘲笑"不像个男孩"，女孩因热爱冒险游戏而被指责"没有女孩样"……孩子不得不压抑内心的真实想法和喜好，去迎合外界的标准，由此在内心产生痛苦与纠结。这样，孩子怎能不内耗？

而职业刻板印象（人们对某一职业的普遍看法或印象，这些看法通常是由媒体报道、社会文化和个人经验等因素共同形成的）同样如此。当孩子心仪的职业被他人贬低，内心的迷茫与困惑便会如影随形。比如，一个男孩对舞蹈感兴趣，想学习这个专业，未来从事相关职业，却因"跳舞的大多是女孩"这种刻板印象而遭受他人非议，于是，他在坚持与放弃间挣扎，内心备受煎熬。

上面所说的，是社会大环境可能对孩子的心理产生的一些影响，导致孩子产生内耗。而校园作为孩子多数时间身处其中的小环境，对孩子的影响也不可小觑。

老师作为孩子成长的重要引路人，其评价对孩子的影响很大。若老师只以成绩论英雄，那么，那些在其他方面有闪光点但成绩欠佳的孩子便可能遭受批评。这类孩子便会如被霜打的幼苗，蔫头耷脑，缺乏自信。

我们常说："严师出高徒。"老师严格要求学生是对的，但如果老师批评学生时不注意方式，则有可能对孩子的自尊心造成严重伤害，使孩子陷入低自尊的困境。

再来说说学业竞争的压力。在校园里，孩子承受的压力一点儿也不亚于在职场中打拼的成年人。孩子在老师的鼓励下不断拼搏，常常担心自己落后于他人。长期处于这种紧张状态，会让孩子身心俱疲。更可怕的是，校园欺凌与排挤也偶有发生。

课间休息时，小莉满心欢喜地拿着自己的手工作品准备给同学们展示。几个调皮的同学却冲过来一把抢走她的手工作品，扔在地上，还踩了几脚，嘲笑道："这么丑的东西也拿出来，真是丢人！"小莉一下子愣住了，站在原地，泪水在眼眶里打转。从那以后，她内心的创伤久久难以愈合，她变得自卑，甚至害怕去学校。

校园的文化氛围也会影响孩子。有些学校只看重在文化课方面获得成绩与荣誉的孩子，而在艺术、体育等方面有天赋和特长的孩子却被忽视。在这样的氛围中，孩子为追求认可拼命努力，身心承受着巨大的压力。而有的学校对学生的个性和兴趣爱好的包容度极低，孩子不能留喜欢的发型、不能穿喜欢的衣服，孩子内心的想法以及个性被压抑……

孩子如果长期受外界负面看法的影响，情绪就会出现明显波动，有可能陷入焦虑，担心自己无法达到他人的期望。这种焦虑长期积累，可能会演变成沮丧与抑郁，让孩子对曾经热爱的事物变得毫无兴趣，在行为上发生改变。有的孩子为避免来自他人的负面评价，变得退缩，拒绝参加活动，自我封闭；而有的孩子则可能变得过度追求完美，形成强迫行为，如反复检查作业，生怕出错，等等。有时，孩子原本对学习充满热爱，

却因外界的压力而将学习视为负担，学习的热情和动力会逐渐丧失。

面对这些问题，我们该如何解决？

作为孩子日常最常接触的社会环境，学校应率先做出改变：优化教师评价体系，摒弃"唯成绩论"，从多个维度评价学生，发现每个学生的闪光点；积极营造良好的校园氛围，开

展丰富的心理健康教育活动，培养学生的包容心与友善之情，坚决打击校园欺凌行为；通过班会、心理课程等方式，引导学生正确看待外界评价，增强学生的自我认知。

　　社会层面，媒体要肩负起责任，多传播积极的价值观，减少不良信息对孩子的侵蚀；通过宣传教育，消除社会对性别、职业等的刻板印象，为孩子营造宽松自由的成长环境；政府层面要加强网络环境监管，让网络暴力无法滋生，保护孩子免受网络暴力的侵害。当然，仅凭呼吁，在短时间内很难改变整个社会的环境与氛围，因此，最重要的是家长的开导与教育。之后的章节，将结合丰富的案例，从多角度帮助家长对孩子进行引导，减少孩子的心理内耗，让孩子成长为内心坚定、自我认知客观而明确的健康个体。

第二章

帮孩子"脱敏"，减少孩子的心理内耗

当留意到孩子面对挑战时出现退缩、犹豫之状，或是在日常交流中流露出自我怀疑等情绪，想必每一位家长的内心都会五味杂陈。我们担心孩子会因为内耗而不断消耗自己的精力，也害怕孩子因为自我怀疑而自卑。我们要想帮助孩子减少心理内耗，让孩子重新焕发勃勃生机，就需要对孩子进行多方面的"脱敏"管理。

构建家庭支持系统
——温暖的家庭是孩子心灵最好的避风港

　　每个孩子的成长都是一场充满未知的冒险，成长之路上，困难与挑战如影随形。在孩子跌跌撞撞、不断探索的旅程中，家庭的温暖与支持无疑是孩子最坚实的后盾。

　　一个给力的家庭支持系统并非空洞的理念，而是存在于日常生活中的方方面面。清晨，吃早餐时家人的轻声问候；夜晚，台灯下对心事的耐心倾听；考试失利时，家人温暖、有力的拥抱；面对选择时，家人给出的真诚建议……这些看似不起眼的点滴，却有超乎想象的力量，有力地支撑起孩子的内心世界，让孩子拥有面对困难的勇气。

　　家庭支持系统，是指家庭成员之间相互支持、互相鼓励、互相理解的系统，它包括家庭成员之间的情感支持、信息支持、沟通支持、行为支持等多个维度，是一个综合性的有机组合。

　　情感支持维度，指的是家长要为孩子提供持续且稳定的情感滋养。这意味着家长要给予孩子无条件的爱，无论孩子表现优劣，都要让孩子感受到被全然接纳，使孩子的内心充满安全感。

信息支持维度，指的是家长要在知识、技能、经验等方面对孩子给予帮助。在家庭中，家长通过向孩子传授生活技能、学习方法和人生经验，帮助孩子更好地适应社会和面对挑战。同时，家庭成员间也相互分享各自领域的知识和信息，促进家庭成员的个人成长和全面发展。

沟通支持维度，指的是家庭要建立开放、平等且有效的沟通模式。家长不仅要成为积极的倾听者，耐心倾听孩子的想法与感受，还要以平等的姿态回应。只有双方沟通顺畅，家长才能及时洞察孩子内心的困惑，提供精准的引导与支持，帮助孩子有效化解不良情绪，避免孩子因负面情绪累积而内耗。

行为支持维度，是指家庭成员之间相互帮助和协作。其中既包括物质支持，如家长为孩子提供基本的生活保障和教育资源，确保孩子能够健康地成长和发展，也包括行动支持，如家长和孩子一起参与家庭活动，互相照顾、互相协作完成任务等。行为支持有助于增强孩子的责任感和归属感，并促进家庭的和谐与团结。家长要以身作则，展现出积极解决问题的态度与方式，教会孩子面对困难与挫折的方法。同时，家长要让孩子合理承担家庭责任，让孩子在承担适当责任的过程中培养出自信心与独立性，增强心理韧性，进而减少因能力不足而引发的心理内耗。

要想构建起对孩子的成长具有重大意义的家庭支持系统，家长需要从以下多方面用心去做。

首先，在情感方面，要让孩子感受到来自家长的无条件的爱。家长不要总盯着孩子的成绩，在孩子犯错时不要急着批评，而要让孩子知道：无论如何，爸爸妈妈的爱都不会变。日常多对孩子说暖心话，比如："你主动做家务，妈妈真的很感动。"每天抽点儿时间，陪孩子看书、玩游戏。在这一过程中，孩子能切实体会到家长的爱与陪伴，内心踏实，面对外界时也会更有底气，也就不容易陷入内耗。

其次，家长要想办法成为孩子贴心的好朋友，让孩子能够毫无顾虑地找自己沟通、倾诉。孩子说话时，家长不妨放下手中的事情，专注地倾听，不时点头回应。若孩子说自己在学校被欺负，我们不要急着给出办法，而是先问问孩子当时的感受，让他把委屈都倾诉出来，之后再一起想办法。家长以平等、尊重的态度与孩子沟通，孩子以后遇事就会愿意和家长分享，就能够及时化解烦恼，避免因将烦恼憋在心里而产生内耗。

最后，家长还要承担起营造和谐的家庭氛围的重任。夫妻间有分歧时，不要当着孩子的面争吵，而应在孩子不在时心平气和地沟通。家里遇到困难，比如经济紧张，也无须瞒着孩子，可以用孩子能理解的方式说出来，比如："宝贝，最近家里的经济压力有点儿大，需要咱们一起节约。你也帮爸妈出出主意吧。"家长要让孩子参与家庭事务，培养责任感，平时也应该让孩子分担家务。孩子做家务后要及时夸赞，比如："你把地扫得真干净，比我扫得都好！"在这样的家庭环境中，孩子会拥有自信心，能够远离心理内耗，更好地应对成长中的挑战。

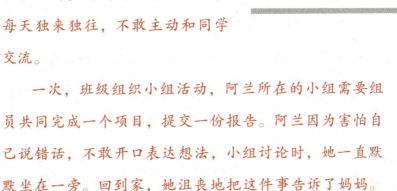

阿兰的性格有些内向。她刚上初一时，对新环境很不适应，每天独来独往，不敢主动和同学交流。

一次，班级组织小组活动，阿兰所在的小组需要组员共同完成一个项目，提交一份报告。阿兰因为害怕自己说错话，不敢开口表达想法，小组讨论时，她一直默默坐在一旁。回到家，她沮丧地把这件事告诉了妈妈。妈妈丝毫没有责备她，而是温柔地看着她说："我知道你是因为不太熟悉新环境、新同学，所以有点儿害羞。这很正常，每个人到了新环境后都需要时间适应。咱们一起想想办法，看看怎样才能让你在小组里更好地表达自己的想法。"

当天晚上，爸爸妈妈和阿兰一起围坐在餐桌旁，开了个家庭小会议。爸爸说："阿兰，我刚才听了你的想法。你的想法其实很有创意，下次在小组讨论前，你先把自己的想法写出来，讨论时，你大胆地表达就好。"妈妈也点头赞同："对。另外，你还可以问问同学对项目中某个环节的看法，这样就能慢慢地打开话匣子。"

在父母的鼓励和帮助下，阿兰在接下来的小组活动中试着主动表达。同学们都很认真地倾听，这让她有了信心。项目报告完成后，整个小组都得到了老师的表扬，阿兰开心极了。

经过这次小组活动，阿兰变得开朗了许多。她越来越积极地参与班级活动，和同学们的关系也越来越好。阿兰知道，无论在外面遇到什么困难，家里永远有理解她、向她提供帮助的爸爸妈妈，帮她出谋划策，给她以信心和力量。家庭就像强大的后盾，让阿兰在成长之路上勇敢地迈出每一步。

　　孩子的成长之路从来不是一马平川的，磕磕绊绊才是常态。而家长要做的就是用满满的爱与深深的理解，护送孩子走上独立、自信之路。良好的家庭支持系统就像孩子心里的"定海神针"，不管外面的世界有多复杂，只要想到家里的温暖与支持，孩子的心就能安定下来，做事也会更有底气。

培养自我效能感

——教孩子通过获取小成就拥有自信

自我效能感，简而言之，即个体对自身能否成功完成特定任务所持有的主观判断和自信。

自我效能感较高的孩子面对挑战时，会充满热情，会主动迎接挑战；遭遇困难时，也不会轻易退缩，而是展现出坚韧不拔的毅力，愿意付出更多努力去克服困难，即便受挫，也能迅速调整心态，以积极的姿态重新出发。

那么，究竟该如何培养孩子的自我效能感呢？关键在于通过一系列小成就，让孩子逐步拥有自信。这就如同建造一座宏伟的大厦，每一个小成就都是不可或缺的砖石，唯有坚实的砖石层层垒砌，方能建造出稳固的大厦。下面来具体讨论家长该如何让孩子通过获取一个个小成就，培养出自我效能感。

为孩子设定合理的目标是培养其自我效能感的关键步骤。

家长不能设定过于宏大或不切实际的目标，而应将大目标拆解为一个个孩子稍加努力便能触及的小目标。例如，若孩子在数学学习上存在困难，家长不应仅仅提出"下次考试争取考满分"这样的要求，而是可以引导孩子从每周专注攻克一类难题、每天多做几道数学题做起。为孩子设定目标时，务必紧密结合孩子的实际状况。如果目标过高，孩子即便竭尽全力也难以达成，极易产生挫败感；如果目标过低，则无法起到提升能力以及激励的作用。

以英语学习为例，倘若家长想要提升孩子的英语水平，可以将这一大目标细化为多阶段的小目标。比如，将第一阶段的目标设定为每天背诵五个新单词，并掌握简单的日常用语；将第二阶段的目标设定为每天背诵十个单词，并学会简单的写作。随着这些小目标的逐步达成，孩子对于英语学习的信心也会增强。

目标确定之后，就要鼓励孩子积极行动。孩子坚持行动，是需要内驱力作用的。只有拥有内驱力，孩子才能孜孜不倦地向着目标前进。而内驱力大多来自兴趣和热爱。因此，家长要注意挖掘孩子的兴趣，鼓励孩子找到心中的热爱。例如，如果孩子对绘画怀有浓厚兴趣，家长可以鼓励他参加绘画比赛，或者参加绘画兴趣班。一旦孩子迈出行动的步伐，无论最终结果如何，家长都应及时肯定他勇于尝试的精神，告诉孩子："你愿意去尝试，这本身就已经非常了不起！"这种积极的肯定能够极大地增强孩子的自信心，促使孩子更加积极地行动。

当孩子成功达成小目标后，家长切不可忽视强化其成功体验这一关键环节。家长可以通过举办一些简单而有意义的小仪式来庆祝，比如制作一张精美的小奖状，或者带孩子去享用一顿他向往已久的美食，让孩子切实感受到成功带来的喜悦与成就感。庆祝之余，家长还应与孩子一同回顾达成目标的艰辛历程，引导孩子认识到成功的取得离不开自身的不懈努力，从而进一步增强他的自我效能感。

在培养孩子的自我效能感的过程中，家长的引导与支持起着不可或缺的作用。在日常交流中，家长要多使用鼓励与肯定的语言，如："你做得太棒了！继续保持的话，会有更大的成就！"要避免发表负面评价，以免打击孩子的积极性。当孩子确立目标后，家长要为其提供必要的资源支持，比如在孩子渴望学习某种乐器时为其购置乐器，并联系专业的指导老师。此外，家长自身在面对挑战时，要展现出积极乐观的态度和坚持不懈的精神，通过言传身教，成为孩子的榜样。

当孩子遇到困难时，家长要密切关注孩子的情绪变化。当孩子因暂时的挫折而情绪低落时，家长要给予充分的理解和安慰，帮助他分析问题，鼓励他振作起来。同时，家长也要引导孩子正确看待失败，让他明白每一次失败都是一次宝贵的学习机会。例如，当孩子因在演讲比赛中失利而心情沮丧时，家长要耐心倾听孩子的感受，告诉他："这次演讲不成功没关系，很多成功的演讲者都经历过失败，就连丘吉尔都曾经在演讲时忘了词呢。"待孩子的情绪恢复平静之后，家长再和孩子一起分析演讲过程中的不足之处，比如语速过快、表情不自然、表达生硬等，帮助孩子制订改进计划。

此外，家长还可以鼓励孩子与班级里成绩优秀、性格阳光、积极向上的同学交朋友，一起学习、共同进步。

培养孩子的自我效能感是一个长期的过程，家长必须有耐心，给予孩子成长的时间和空间。在这个过程中，家长要关注孩子的点滴进步，及时给予鼓励和支持，让孩子持续感受到家长对他的爱。

培养钝感力

——增强孩子的心理韧性与逆境应对力

前文探讨过，高敏感、高需求的孩子在成长过程中易内耗。我们都知道，"敏感"的反义词是"迟钝"。孩子如果对于他人的评价、看法能够稍稍迟钝一些，不那么敏感，那么自然不容易内耗。我们将这种能够适当忽略外在评价，不在意外界声音，保持内心稳定的能力称作"钝感力"。

那么，究竟什么是钝感力呢？"钝感力"这一概念，是由日本作家渡边淳一提出的，它并非迟钝、麻木，而是一种面对外界刺激时，能保持从容、冷静、低敏感的心理调适能力。拥有钝感力的人，就像是拥有了一层坚韧的保护壳，在面对生活的种种不如意和他人的批评时，不会立刻被负面情绪淹没，而是能够泰然处之。

为了更清晰地理解钝感力的神奇力量，让我们来看一个小故事。

晓峰学习成绩优异，他一直对自己要求极高，做事总是力求完美。然而，在一次重要的数学竞赛中，他因为粗心大意，看错了一道分值颇高的题目，最终与奖项失之交臂。当成绩公布的那一刻，他觉得周围同学的目光仿佛带着嘲笑与质疑，似乎在说："你不是很厉害吗？怎么考成这样？"老师略显遗憾的表情也被晓峰看在眼里。晓峰的内心瞬间被自责与羞愧填满，他变得沉默了。

接下来的一段时间，晓峰陷入了深深的内耗：他想要证明自己，却怕再次遭遇失败。晓峰的父母察觉到他的变化，他们知道他本是一个追求完美且敏感的孩子，通过这件事，父母觉得必须帮助他培养出钝感力，让他获得平和的心态，重新找回自信。

经过一番讨论，父母开始尝试打破晓峰的思维定式。一天晚上，爸爸轻轻敲开晓峰的房门，坐在他身边，温和地说："儿子，你不能因为一次竞赛失利而否定你的全部能力。你可以换个角度看问题，这次竞赛失利其实是你成长的一个好机会呀。你想想，以后还会有其他竞赛，如果这次竞赛失利能促使你改正粗心的毛病，那你以后离成功不就更近一步了吗？另外，不要在意同学的目光，绝大部分同学是充满善意的。你能参加竞赛，就是勇敢和有能力的表现，有些同学甚至很羡慕呢。"晓峰听了爸爸的话，若有所思地点点头。

此外，父母还发现晓峰因为体育不太好，尤其是跑步速度慢而有些自卑。于是，他们鼓励晓峰接纳和正视这个不足，并针对这个不足制订了锻炼计划。每天傍晚，爸爸陪着晓峰慢跑，并告诉晓峰跑步的技巧；妈妈则更注重为晓峰搭配、制作更健康的营养餐。慢慢地，晓峰发现自己的跑步速度加快了，他不再因为体育短板而自卑、内耗，反而将体育锻炼当成日常生活的一部分，且非常享受跑步这件事。

通过父母的引导，晓峰逐渐学会了转换角度看问题，不再刻意追求完美，也不再容易钻牛角尖了。一次，他在课堂上回答错了问题，几个调皮的同学在下面笑。要是以前，他肯定会满脸通红，恨不得找个地缝钻进去。但这次，他想起父母的话，笑着对同学们说："我这是给大家提供一个错误示范，让你们知道这个问题的陷阱在哪儿，你们可得谢谢我呀！"同学们听了，哈哈大笑，尴尬的气氛瞬间被化解。晓峰不再因为在学习中偶尔犯的错而不开心、郁闷。

就这样，在父母的悉心引导下，晓峰逐渐培养出了钝感力。他的情绪不再被外界的评价左右，他的内心变得强大。在课堂上，他又能自信地举手发言；在课间，他积极参与学校的活动，和同学们相处融洽。

通过晓峰的故事，我们可以总结出以下几类培养孩子钝感力的实用方法。

一 认知引导层面

1. 扭转思维

当孩子因学业上的问题而沮丧、自我否定时，家长要及时介入，帮助孩子剖析问题，引导孩子认识到：不要因某个错误而全盘否定自己的能力，而要将错误当作成长、进步的契机。

2. 接纳短板

家长要关注孩子的表现，一旦发现孩子因自身在某方面有短板而自卑、焦虑时，就要鼓励孩子正视自己的短板，陪孩子一起制订提升计划，让孩子在逐步改进的过程中，将短板转化为成长的跳板，积极提升自我。

二 情绪调节层面

1. 进行深呼吸放松训练

教孩子掌握深呼吸放松法。这一方法可以在面对某些可能使人紧张的场景（如考试、比赛、公开表演等）时使用。家长可以亲自示范，让孩子跟着练习。缓慢吸气，使腹部隆起，感受气息充满腹部，再缓缓呼气。重复多次，可以驱散紧张情绪，使身心平静，以更好的状态应对挑战。

2. 让兴趣成为不良情绪的出口

当孩子因遭受外界的言语打击、社交挫折（如被同学嘲笑、排挤等）而心情低落时，家长要敏锐地捕捉孩子的情绪，引导孩子将注意力转移到兴趣爱好上，让孩子沉浸在喜爱的活动中，忘却不愉快，快速转换心情。

三 实践应对层面

1. 培养校园社交技巧

孩子可能会在校园生活中与同学产生矛盾，可能会在课堂上遇到令自己尴尬的情况，家长要给孩子打好"预防针"，教孩子一些应对技巧。家长可以多和孩子模拟类似场景，让孩子学会巧妙化解校园社交中的一些小危机。

2. 善于总结，正向激励

孩子参加校园中的各类比赛难免有输赢，赛后家长要引导孩子正确看待结果：赢了，要做到不骄傲，继续奋进；输了，则总结经验，并欣赏对手的长处，激发自己的内在斗志。要帮助孩子以更饱满的热情投入下次的比赛，而非陷入失败的沮丧情绪中无法自拔。

四　家庭环境营造层面

1. 少批评，多肯定

家长要留意自己的日常语言模式，要减少对孩子的批评，多发掘、肯定孩子的闪光点。哪怕孩子犯了错，家长也要以温和的态度指出问题，帮助其改正，让孩子在家中感受到尊重与支持。家长要帮助孩子建立心理安全感，为其钝感力的培养提供土壤。

2. 利用名人故事培养良好心态

在进行日常的亲子聊天时，家长可以和孩子多分享心态乐观、坚韧不拔的名人的故事，让孩子在潜移默化中学习故事主角面对挫折的从容态度，逐渐塑造强大的内心，提升钝感力。

　　总之，钝感力是能帮助孩子成长，让孩子在纷繁复杂的世界中保护内心、摆脱内耗的强大力量。每一位家长都应当重视培养孩子的钝感力，用爱与耐心为孩子铸就反内耗的"心灵防护盾"。

学会倾听

——鼓励孩子说出心里话

在孩子成长的过程中，家长往往十分关注孩子的衣食住行与学业成绩，却极易忽略一个关键行为——倾听。殊不知，家长不懂得倾听，也可能将孩子推向内耗的深渊。

悦澄的父母工作十分忙碌。爸爸身为建筑设计师，为了赶项目进度，常常天不亮就出门，深夜才拖着疲惫的身躯回家。妈妈在一家广告公司做策划，加班、出差是常有的事。

一天晚上，悦澄坐在餐桌前，开心地和父母分享学校的科技小发明展："爸爸妈妈，今天学校的展览太有趣啦！有同学做了太阳能风扇和能自动避障的小车，我以后也想试试做个小发明……"她非常兴奋，眼睛亮晶晶的。然而，爸爸脑中正想着回复工作消息的事，听到悦澄的话，他头也没抬，只是"嗯"了一声。妈妈则敷衍地回应道："真好。赶紧吃饭，吃完就去写作业。"悦澄高涨的情绪瞬间被浇灭，笑容僵在了脸上。她默默低下头，把剩下的话咽了回去。

还有一次，悦澄和同学们热烈地讨论一部新漫画中的奇幻剧情和角色。回到家，她迫不及待地和爸爸分享："爸爸，我发现了一部超好看的漫画，漫画里的角色能操控元素进行战斗，画面超炫！我还画了里面的角色呢！"爸爸一听，脸色立刻沉下来，严厉地说："看这些有什么用？浪费时间！你有这精力不如多做几道数学题，把成绩搞上去！学习才是正事！"悦澄张了张嘴，想辩解却又不敢，满腹委屈，此后再不敢跟爸爸提看漫画的事。

不久前，悦澄在学校遇到烦心事：同桌不小心扯坏了她为手工课准备的彩纸，两人闹了别扭。晚上，她鼓起勇气跟妈妈诉说，可妈妈没有听完就武断地说："多大点事儿啊！你大方点儿，明天再带些彩纸去，别计较。"悦澄委屈地说："可她都没道歉，是她不对……"妈妈不耐烦地挥挥手："赶紧洗漱睡觉，明天还要上学呢。"悦澄躺在床上，泪水止不住地流，她觉得妈妈根本不理解自己。之后再遇到问题，她不愿对妈妈讲了。

依据埃里克森的人格发展理论，童年期和青春期是一个人建立自主性、主动性以及形成健康的自我概念（个人关于自己的观念体系，包括认知成分、情感成分、评价—意志成分）的关键阶段。孩子如果积极主动地与他人交流，却屡屡碰壁，便会觉得探索世界、表达自我势必受到重重阻碍，认为自己无法顺利完成成长阶段的心理发展任务。孩子满心欢喜地希望与父母一起搭建沟通的桥梁时，父母却中途撤离，让孩子陷入孤立无援、自我怀疑的境地，长此以往，孩子会逐渐内化出一种观念：自己的想法和感受不重要，不值得被他人关注。

家长要想修复与孩子之间因倾听缺失而产生的裂痕，与孩子之间重新搭建起亲密沟通的桥梁，就要做到以下四点。

1. 留出"亲子专属时光"

家长每天要特意留出至少二十分钟作为"亲子专属时光"，这是搭建沟通桥梁的关键的第一步。在这段宝贵的时间里，家长一定要放下手机、关闭电脑，给予孩子全身心的关注。孩子开口说话时，家长可以微笑地点头，或是轻声回应"嗯，我在听"，通过细微的举动鼓励孩子畅所欲言。

2. 做个耐心的倾听者

孩子倾诉时，家长一定要克制住自己想要立刻发表意见的冲动，要耐心地听孩子完整地表达他的想法。孩子的表达或许并不总是那么流畅，可能有时会略显混乱，但这恰恰是锻炼他的思维和语言表达能力的好时机。此时，家长要用温暖的话语引导，比如："别着急，慢慢说。"

3. 共情孩子，精准反馈

在孩子尽情倾诉的过程中，共情和精准反馈不可或缺。家长要设身处地地站在孩子的角度，理解孩子的感受，并用饱含真诚的语言表达出来。比如，当孩子略带沮丧地说："今天我在学校组织的跑步比赛中没跑好，有点儿难过。"家长可以即刻回应："我能理解你的心情。你付出了努力却没达到你的预期，肯定会有些失落。不过，你敢于参加比赛，已经很勇敢啦！"这种与孩子共情的回应，可以让孩子真切感受到自己的情绪被稳稳接住了。

4. 重复孩子话语中的关键内容

重复孩子话语中的关键内容也可以使孩子进一步感受到自己说话被倾听。比如当孩子眉飞色舞地讲述班级里的趣事："今天我同桌上课偷偷打瞌睡，被老师发现了，还被老师点名批评，他醒来后一脸茫然的样子特别搞笑。"家长可以笑着重复："同桌上课打瞌睡被老师抓个正着啊，后来呢？"这看似不经意的重复，实则像一把钥匙，能够帮助孩子打开话匣，将真心话一股脑儿地说出来。

　　家长认真倾听孩子说话，孩子就会慢慢地、毫无保留地说出自己内心的真实想法，表达出自己的困惑和痛苦等。要知道，倾诉和表达是减少心理压力、避免内耗的不二法门。只有打通了倾诉的渠道，孩子才能水到渠成地表达真实的自我，不再纠结、内耗。

放手也是一种爱

——让孩子有更多进行自我决定的机会

　　家长在孩子成长的旅程中，心中充满了爱与期望，总想小心翼翼地呵护孩子。然而，有一种爱，经常被家长忽视，却对孩子的成长起着至关重要的作用，那就是放手。家长要给予孩子更多自我决定的机会。放手，就像是松开手中的风筝线，是为了让风筝在广阔的天空中飞得更高、飞得更远。

　　回想孩子小时候学走路迈出第一步的情景，他小小的身躯摇摇晃晃，我们多想冲上前去扶住他，可最终还是忍住了，因为我们知道，只有这样，孩子才能真正学会走路。当孩子成功地走了几步，脸上绽放出开心的笑容时，我们的内心也被喜悦填满了。

　　其实，孩子成长的每一步都如同当初学走路。随着孩子逐渐长大，我们要明白，放手让孩子进行自我决定，是在培养孩子的独立人格。孩子自己决定今天穿什么衣服，选择自己喜欢的颜色和款式，这也是在进行自我决定。尽管搭配可能并不很合适，但孩子眼中闪烁着的光芒会让我们深感欣慰。每个小小的决定，都是孩子走向独立的一步，我们怎能不给予支持？

比如，在学习上，让孩子自己制订和完成学习计划也是一种重要的放手。当我们看到孩子认真执行计划，努力完成学习计划时，就会知道，自我决定让他对学习有了更强的责任感。

再比如，在生活中，当孩子收到朋友聚会的邀请，我们可能会担心：如果他选择去，在聚会上能否与小伙伴友好相处；如果他选择不去，是否代表他过于内向；等等。但无论孩子的决定是什么，我们都要尽可能尊重。无论孩子是选择参加聚会，在聚会中收获快乐，还是选择拒绝聚会，独自阅读一本好书，享受安静时光，我们都应该尊重孩子的选择。

但要记住：放手并非意味着完全不管。在孩子做决定前，我们要像朋友一样，为孩子提供所需的信息。比如，当孩子考虑参加学校的社团时，我们可以和他一起了解社团的活动内容、时间安排以及社团成员对社团的评价等。我们要耐心地倾听孩子的想法，哪怕有些想法在我们看来有些幼稚。比如，孩子说想要参加一个手工社团，可能我们内心认为英语或舞蹈社团更"有用"，但当我们认真倾听孩子讲述他对手工创作的兴趣和向往时，就会发现孩子内心的热情。这时，我们怎能否定孩子的想法？

孩子做出决定后，经过一段时间的实践，可能情况并不像想象中的那么美好，可能遭遇失败。这时我们不要否定孩子的决定，更不能冷言冷语："当时叫你别选这个，现在后悔了吧？"我们可以抱抱孩子，轻声说："没关系，失败是成功的必经之路，很多厉害的人都经历过失败。我们一起看看哪里做得不好，下次你肯定能做得更好。"然后，我们可以和孩子一起分析原因，帮他从失败中汲取经验。

如果孩子因为自己的决定取得了一些成功，比如在社团活动中获奖等，我们要和孩子一起庆祝，告诉孩子这是他努力的结果，和孩子一同沉浸在喜悦中，为孩子的成就感到自豪，鼓励他继续勇敢地做出决定。

放手，是一场充满爱的冒险。我们深知，孩子的成长之路充满未知，但我们愿意勇敢地迈出这一步，给予孩子更多进行自我决定的机会。因为在这个过程中，孩子会逐渐学会独立思考、做出选择、承担责任，变得更加自信和坚强。在未来的日子里，我们会看到孩子在一次次自我决定中成长。孩子会勇敢地追逐梦想，书写出精彩的人生篇章。而我们，则会一直在他身后，默默地支持他，为他的进步喝彩，为他的成长骄傲。

第三章

学会管理情绪，减少孩子的情绪内耗

家长是孩子成长路上最重要的引路人，家长的情绪对于孩子的安全感的建立起决定性作用。家长要教会孩子正确释放负面情绪，要教会孩子适当表达情绪、调节情绪、管理情绪，这是帮助孩子学会疏导压力、保持内心平衡的关键。

父母保持情绪稳定

——给足孩子安全感

　　孩子大脑的情绪调节系统，尤其是前额叶皮质，负责抑制冲动、调节情绪等高级认知功能，在其发育完成前，孩子的情绪像一艘在海洋中航行的小船，很容易被风浪左右，发生强烈的晃动。家长在孩子的成长过程中，应该以自己稳定的情绪给足孩子安全感，让孩子有勇气面对各种风浪。

　　然而，很多家长没有意识到自己的情绪对孩子的影响，或者即便意识到了，可能也不知该如何稳住自己的情绪，因而让孩子的情绪也随着自己的情绪起伏不定。

　　周末，在小区的游乐区里，孩子们欢快地滑滑梯、荡秋千，家长们则坐在一旁的长椅上休憩。小晨在滑梯上爬上滑下，玩得非常开心，但他一不小心把旁边的小朋友撞倒在地了。那个小朋友哇哇大哭起来，小晨的身体顿时僵住，眼神中满是害怕。小晨的爸爸看到这一幕，脸色一沉，怒气冲冲地吼道："你怎么老是闯祸，就不能安分点儿吗？"小晨吓得身子一抖，眼眶泛红，低下头，小声说："我不是故意的……"他的小手紧张地揪着衣角，内心充满了恐惧和不安，仿佛自己犯了天大的错误。

　　与之形成鲜明对比的是，另一边的小悠在玩秋千，她不小心摔在了草地上，擦破了膝盖。小悠的妈妈赶忙走过去，虽然心疼，但还是温柔地说："宝贝，摔疼了吧？让妈妈看看。"她蹲下来，仔细查看伤口，安慰道："没关系，只是擦破了点儿皮。妈妈给你处理一下，很快就会好的。"小悠原本要流下的眼泪在妈妈的安抚下止住了，她吸了吸鼻子，说："好的，妈妈，我会小心的。"然后，小悠就平静地牵着妈妈的手回家了。

　　这两个场景生动地展现出家长的情绪、态度对孩子情绪的不同影响。小晨在爸爸的呵斥下，内心充满了不安全感，可能以后玩的时候都会提心吊胆，生怕再做错事惹爸爸发火。而小悠在妈妈的呵护下，不仅情绪稳定下来，还感受到来自妈妈的温暖呵护和安全感，并学会了如何冷静地面对意外。这充分说明家长保持情绪稳定对于孩子内心拥有安全感的重要性。

家长拥有稳定的情绪，就会让孩子拥有安全感，能够让孩子在这个充满不确定性的世界里，即使遇到困难和意外，也能从父母那里获得情感支撑，让孩子知道无论发生什么，自己都有一个安全的避风港。

特别是那些内心敏感的孩子，他们总是伸出感知情绪的"小触角"，敏锐地探测周围的一切。家长情绪稳定，那么，敏感的孩子探测到的都是令人安心的情绪，心就随之安定。

1. 家长日常要加强情绪管理

在日常生活中，我们都面临着各种各样的压力，像工作上的难题、家庭琐事等，这些都可能使我们的情绪失控。就像小晨的爸爸，可能因为工作压力大，在看到小晨犯错时，就将自己的负面情绪发泄在小晨身上。但如果他能多一些自我觉察，在情绪即将爆发时停下来想一想，或许就能避免伤害孩子。

2. 家长要掌握一些调节情绪的小技巧

比如，当怒火涌上心头时，不妨试着默数几个数，让自己的情绪稍稍缓和；或者进行深呼吸，慢慢地吸气，让空气充满腹部，再缓缓呼气，感受自己的情绪随着呼吸逐渐平稳；还可以暂时离开让自己情绪激动的场景，等冷静下来再处理事情。

嘉豪的妈妈是名忙碌的职场女性，工作繁忙导致她经常疲惫不堪。一次，嘉豪考试没考好，他忐忑地把试卷递给妈妈。妈妈一看到试卷就大发雷霆："你怎么这么不争气？我这么辛苦地工作，你就考了这点儿分数！"嘉豪被妈妈的怒火吓得不敢吭声，眼泪在眼眶里打转。之后好多天，嘉豪都不敢直视妈妈的眼睛，跟妈妈说话也没了以前的亲热劲儿。

后来，嘉豪的妈妈意识到了自己的问题，每次想发火时，都会努力控制自己。一次，嘉豪画画时不小心把颜料打翻，弄脏了妈妈心爱的桌布。妈妈并没有像以前那样发火，而是平静地说："没关系，赶紧清理干净就好啦。"嘉豪原本害怕的表情变成了惊讶，

随后他赶紧去收拾。随着妈妈的改变，嘉豪的情绪也越来越稳定。他变得更加开朗，在学习上也更自信了。

总之，家长保持情绪稳定，就是为孩子营造一个安全的情感环境。孩子会在家长稳定的情绪中感受到安全，会更信任家长，会喜欢和家长沟通，会变得更加勇敢、自信，能更好地应

对生活中的挑战。家长稳定的情绪就像一把伞，能为孩子撑起一片安全的晴空；孩子在这片晴空下，能够自由而安心地成长。

情绪的适当表达
——教导孩子正确释放负面情绪

在孩子的成长过程中，负面情绪就像隐藏在角落里的小怪兽，常常会冷不丁地冒出来，给孩子带来不适与困扰。简单来说，负面情绪就是那些让孩子内心感到不舒服、不愉快的情绪，如焦虑、沮丧、愤怒、委屈、自卑等。孩子在生活中遇到一些小挫折，比如考试没考好，

就可能产生焦虑与沮丧的情绪；和小伙伴闹矛盾或被误解了，愤怒、委屈的情绪便会涌上心头；孩子如果长期得不到认可，就可能被自卑的阴影笼罩……这些负面情绪看似无形，却有巨大的破坏力，一旦在孩子心中堆积，就会引发心理内耗，阻碍孩子健康成长。

家长千万不要以为童年只有欢乐，没有烦恼。实际上，

孩子每天也面对着学业的压力、社交的烦恼等，他们的心理能量是有限的。当负面情绪来袭，把孩子原本用于专注学习、积极思考的心理能量消耗殆尽，孩子就会陷入疲惫、低效的内耗泥沼。

那么，家长应如何引导孩子学会适当表达情绪、正确释放负面情绪呢？

1. 引导孩子通过运动宣泄负面情绪

当孩子情绪低落时，鼓励孩子运动，让身体动起来。我们会发现，原本沮丧、情绪低落的孩子就像充了电一样，马上就变得能量满满。孩子运动的过程像是在和烦恼较量的过程，随着汗水的流淌，压力也随之释放。同时，运动还会刺激身体分泌内啡肽、多巴胺，让孩子感受到快乐和愉悦。

小晨以前每临近考试就焦虑得不行，晚上翻来覆去睡不着，白天上课没精神。后来，在父母的建议下，他开始每天早起跑步。最初，他跑得气喘吁吁，十分疲惫。可慢慢地，他发现跑步时能放空思绪，把对考试的担忧都抛到脑后。坚持一段时间后，再面对考试，小晨镇定了许多，成功摆脱了因焦虑而产生的精神内耗，成绩也稳中有升。

2. 让孩子通过阅读摆脱负面情绪

为孩子挑选一些合适的图书，比如奇幻冒险的故事书。孩子在阅读时沉浸于故事情节，就仿佛在跟随故事的主人公一同披荆斩棘，面对困难与挫折，并从中汲取勇气和力量。阅读能转移孩子的注意力，能让孩子暂时忘却烦恼。书中的情节和人物的经历，还能给予孩子启发，让孩子明白许多人都曾经历过困境，从而获得心理上的共鸣与安慰。

3. 常带孩子接触大自然

大自然也是天然的情绪疗愈场。多带孩子走向户外，去山间听鸟儿鸣叫，看溪水潺潺，呼吸清新的空气，感受温暖的阳光。让孩子躺在草地上，仰望蓝天白云，放空思绪，内心的焦虑、烦恼仿佛都消散在辽阔的天

地间。要是孩子因为和小伙伴闹矛盾而心情不佳，他在野外漫步时，看到树木生长、花草枯荣，便能体悟到人际关系也如同自然万物一样，有起有伏，不必太过介怀，进而获得平和的心态，重新看待友情。

4. 可让宠物陪伴孩子

如果条件允许，家长可以允许孩子养一只温顺可爱的小动

物，如可爱的小兔子、憨态可掬的小仓鼠、乖巧的小猫……当孩子遇到挫折，感到灰心丧气时，小动物可爱的样子以及对人无条件的亲昵能给孩子以慰藉，让孩子重拾好心情。宠物能让孩子感受到被需要和被爱，同时也是孩子的倾诉对象。

5. 培养孩子进行艺术创作

艺术创作也是一种很好的表达、排解情绪的方式。画画、弹奏乐器、唱歌、做手工等，能让孩子将内心无法言说的情绪通过色彩、音乐以及手工作品等展现出来。比如，孩子可以用画笔描绘出自己心中的烦恼，在创作的过程中，他的情绪能得到排解。又或者，鼓励孩子通过唱歌抒发内心的情感，激昂的歌曲可以宣泄愤怒的情绪，而舒缓的旋律则能平复焦虑的情绪。

6. 常玩角色扮演游戏

角色扮演游戏也有助于孩子表达情绪。家长可以和孩子一起模拟一些现实生活的场景，让孩子在该场景中扮演不同的角色，通过角色的对话和行动，表达自己在真实生活中出现的情绪问题。例如，模拟孩子与小伙伴闹矛盾的场景，让孩子分别扮演自己和小伙伴的角色。这样有助于孩子站在不同角度去理解问题，从而更好地处理自己的情绪。

孩子们的内心世界丰富多彩，其情绪的宣泄方法也应多元且充满创意。每一种方法都是一把开启内心世界的钥匙，内心世界被打开后，孩子可以感受到负面情绪被释放后的轻松、愉悦。作为家长，我们要敏锐地捕捉孩子的情绪信号，根据孩子的个性与喜好，引导孩子运用这些宣泄方式，让负面情绪不再积压，让内耗不再产生。孩子学会适当表达情绪，正确释放负面情绪，就会更加健康、快乐，心态会更加积极，无惧各种挑战。

正面情绪的传递效应
——培养孩子的乐观心态

　　每个人都有喜怒哀乐，负面情绪无法避免，也不能被"一键删除"。虽然我们能借助多种方式宣泄负面情绪，但要让孩子拥有强大的内心，则更需要正面情绪充分发挥正向作用，助力孩子培养出乐观心态。

　　依据积极心理学中的"扩展—建构"理论，正面情绪可以改变个体的认知和行动范围，帮助个体积累丰富的个人资源，并最终带来长期利益。正面情绪可以使人在面对困境时找到更多应对策略，免于陷入负面情绪的泥沼。而且，情绪体验不仅受制于外界刺激，还受个体对该刺激的认知评价的影响。这表明我们可以引导孩子转变对事件的看法，将看似糟糕的情况转化为成长的契机。例如，孩子考试失利时，若家长能够引导孩子将其视为查漏补缺的好时机，而非单纯的失败，便能激发孩子的正面情绪。

萌萌曾非常胆小内向，遇事易愁眉苦脸，常陷入内耗之中。最近，学校组织演讲比赛，萌萌内心渴望参加，便马上写出了令自己满意的演讲稿。但她刚想报名，消极的念头便涌现出来："我演讲时要是忘词了怎么办？同学们会不会笑话我？"这样的想法让她变得畏畏缩缩，不敢报名。

看到此情此景，萌萌的父母明白：对于此时的萌萌，空洞的安慰作用不大，必须想办法为萌萌的心中注入正面情绪。

次日，妈妈拉着萌萌坐在沙发上，讲述了自己小时候第一次上台表演的经历：当时她紧张到双腿发软、大脑空白，甚至忘了词，但仍凭借不服输的劲头完成表演，最终收获了观众热烈的掌声。爸爸在一旁微笑着补充："萌萌，你看妈妈当时状况百出都能成功，你准备得这么用心，演讲内容精彩有趣，上台对你来说就是一次超酷的冒险。你放心大胆地参加吧！"

从心理学角度看，萌萌妈妈的行为属于自我表露行为。她通过分享自身的经历，为萌萌树立了积极应对困难的榜样，激发出萌萌内心的正面情绪。在父母的鼓励下，萌萌忐忑的心逐渐安定，她报了名，并进一步为演讲认真做准备。

可见，家长向孩子传递的正面情绪是培养孩子乐观心态的基础。孩子像敏感的情绪接收器，时刻吸收着父母的情绪能量。当遭遇生活难题，如工作压力大、经济窘迫时，家长若能保持乐观豁达的心态，孩子自己会在潜移默化中习得这种心态。例如，当水管破裂，家中都是积水时，爸爸没有抱怨，而是哼着小曲清理积水，对孩子说："择日不如撞日，正好借这场大水，咱们给家里做个彻底的大扫除。"孩子目睹爸爸的乐观模样，也会被感染，不再把这个突发状况视为可怕的灾难。这便是情绪的"涟漪效应"，家长的正面情绪能在家庭中激起一圈又一圈的正能量波纹。

引导孩子转换视角看问题，是使孩子产生正面情绪的有效方法，这背后蕴含着认知行为疗法的核心观念。认知行为疗法旨在帮助人们改变不健康的思维模式和行为习惯，以改善情绪和解决问题。认知行为疗法强调，人的情绪和行为并非由事件本身决定的，而是取决于个体对事件的认知评价，即面对同一件事，不同的认知会带来不同的情绪体验。

比如考试失利，若孩子认为这是一件失败的事，觉得自己比别人笨，就会被低落、沮丧、自我否定等负面情绪笼罩。但此时家长若能运用认知行为疗法引导孩子重新审视这件事，就能化危机为转机，让孩子明确努力方向："孩子，虽然这次考试的结果未达到你的预期，但这是很好的查漏补缺的机会呀！通过考试，你知道了哪些知识点自己掌握得不扎实，接下来有针对性地学习，就肯定会进步。而且你答题时，有几道题答题思路清晰、推导正确，说明你上课认真听讲了，你灵活运用知识的能力也很强！"

校运会上，天天在跑步比赛中没拿到名次，垂头丧气地回到家。妈妈轻抚他的头，温柔而坚定地说："宝贝，比赛的意义不只在于谁先冲过终点，还在于挑战自己之前的成绩。跑得比以前快，这就是属于你的胜利。"天天听后，眼睛一亮，原本低落的情绪一扫而空，他转而为自己的进步感到自豪。

妈妈的话引导天天重新认识了比赛的意义，将关注点从名次转移到自身的进步方面，打破了消极的认知模式。

除了言语引导，营造充满正能量的家庭环境同样关键，这与环境心理学原理相符。家长可以在家里设"荣誉墙",贴上孩子的优秀画作、满分试卷、进步奖状等,让孩子随时看到自己的成长,充满成就感。闲暇时,一家人玩"优点大轰炸"游戏,轮流说出彼此的优点。在欢声笑语中,孩子对自己的信心与对家人的爱意会不断升温,负面情绪在积极的家庭氛围中难以立足。

除家庭环境外,社交环境也很重要,家长应鼓励孩子结交积极向上的朋友。乐观的小伙伴如同小太阳,能驱散心中的阴霾、照亮彼此。

小宇原本有些内向和消极,但自从和开朗的晨晨成为好朋友后,他经常和晨晨一起参加户外运动、探索新奇事物。遇到困难时,晨晨总是笑嘻嘻地说:"没事儿,咱们换个招儿试试。"在与晨晨相处的过程中,小宇不断受到正面情绪的感染,慢慢地,他也变得乐观积极、勇敢坚毅,面对困难不再轻易退缩。

培养孩子的乐观心态的方法有很多,需要家长付出耐心与智慧,不能一蹴而就。家长需持续运用上述心理学理论与实践方法,耐心陪伴、精心引导。只有这样,孩子内心才会越来越阳光,那些曾困扰他们的内耗自然会消失。

实用的情绪调节技巧

——帮助孩子高效管理情绪

各种情绪是孩子在生活中产生的自然反应。当孩子面对外界的压力、挫折或不如意之事，无法妥善处理不良情绪时，不良情绪肆意蔓延且得不到有效疏导，就会吞噬孩子的精力，并使孩子的内心产生冲突与挣扎，也就是产生心理内耗。

作为家长，我们需要帮助孩子掌握简单易学、实操性强的情绪调节技巧。这些技巧就像一把把神奇的钥匙，能帮助孩子开启内心平静、充满活力的成长之门，帮助孩子摆脱内耗，拥抱缤纷的世界。

一　情绪觉察：开启情绪管理之门

1. 身体信号识别法

孩子产生不良情绪时，身体往往会率先发出信号。家长要在日常生活中，细心引导孩子识别这些身体信号，告诉孩子：感到紧张时，心跳可能会加速，就像心里揣了一只小兔子，扑通扑通跳个不停；感到害羞或激动时，脸蛋会变得发烫；感到生气或愤怒时，手可能会不自觉地紧握成拳，牙关也可能咬得紧紧的……

比如，在孩子准备上台表演前，家长可以问："你现在有没有感到身体发生了什么变化呀？心跳是不是有点儿快？这说明你有点儿紧张哟。不过，别担心，这是很正常的。"通过这样的引导，孩子可以意识到身体的变化与情绪紧密相连。

家长可以把对情绪的识别当作一个个有趣的日常游戏。比如，和孩子在一起时，随机说出一种情绪，如开心、害怕、生气等，让家庭成员迅速做出相应的肢体反应或表情，比一比谁反应快、谁做得像。这样做，不仅能增强孩子对身体信号的敏感度，还能让家庭氛围更加欢乐、轻松、融洽。

2. 写一份情绪记录清单

情绪记录清单，是帮助孩子梳理情绪的有效工具。清单可以包含时间、事件、情绪这三栏。每天晚上，家长可以鼓励孩子静下心来，花几分钟回顾一天的经历，把引发情绪波动的事情记录下来。一段时间后，孩子再审视这份清单，就能清晰地洞察自己的情绪触发点，有助于自己管理负面情绪、预防内耗。

　　小宇养成了写情绪记录清单的好习惯。某天，他写道："今天的大课间（时间），同桌抢走了我正在玩的玩具小汽车（事件），我特别生气，想把玩具小汽车抢回来又怕把它弄坏（情绪）。"过了几天，他又记录："语文课上（时间），我答对了一道很难的题，老师表扬了我（事件）。我心里特别高兴，像去游乐场玩一样开心（情绪）。"

　　家长的引导也至关重要。睡前，家长可以和孩子依偎在一起，像朋友一样讨论清单上的内容，认真倾听孩子讲述事件，并给予反馈，比如："我能理解你。玩具被抢走了，你肯定很生气。要是我，也会不开心的。那后来你是怎么解决的呀？"这样的交流能帮孩子深化对情绪的认知，还能让孩子感受到被关注、被尊重。

二　即时调节技巧：消除情绪"燃点"

1. "气球呼吸"放松法

当孩子被情绪的火苗"点燃"，急需快速"降温"时，"气球呼吸"放松法就能派上用场了。

家长可以把这个方法详细地教给孩子：让他舒服地坐好或躺好，闭上眼睛，想象手中正握着一个五彩斑斓的气球；然后，用鼻子慢慢地吸气，就像在给气球充气一样，让腹部像气球一样缓缓隆起，同时心里默数三至五秒；接着，用嘴巴轻轻地呼气，感觉气球在慢慢放气，腹部也随之收紧，同时心里默数三至五秒。如此反复进行几次。

从生理心理学（探讨的是心理活动的生理基础和脑的机制）的原理来讲，"气球呼吸"放松法能够舒缓交感神经的兴奋状态，让身体从情绪应激的状态回归到平静状态。比如，当孩子在上台发言前紧张得双腿发抖，或者与家人争吵得大脑发热时，可以现场练习"气球呼吸"放松法，不出半分钟，紧绷的身体就会松弛下来，思维也能重新变得清晰。这样做能避免情绪进一步失控，有效减少心理内耗。

2. 打造"情绪暂停角"

在家中为孩子打造一个专属的"情绪暂停角"，为孩子提供一个情绪避风港。布置这个角落时，可以多花些心思，摆放上孩子喜爱的坐垫，让他能舒适地或躺或坐；放上一小盆绿意盎然的植物，增添生机，营造宁静氛围；再放几本主题温馨、能治愈心灵的绘本也不错，能在孩子情绪低落时给予他慰藉。

"情绪暂停角"的使用规则很简单。当孩子情绪激动，即将失控时，他可以自行前往"情绪暂停角"。家长也可以轻声提醒孩子："我感觉你现在有点儿生气，你要不要去'情绪暂停角'待一会儿，让心情平复一下？"孩子进入"情绪暂停角"后，独处片刻，沉浸在宁静的氛围里，可以让情绪冷静下来。

三　思维转换策略：改变视角

1. "坏事变好事"辩证法

当孩子遭遇挫折，陷入负面情绪时，家长巧妙的引导能帮助孩子"扭转乾坤"。可以在晚餐时间练习这个方法，一家人可以在晚餐时间轮流分享自己在白天遇到的"坏事变好事"的经历。比如，爸爸先说："我今天上班路上遇到堵车，本来觉得要迟到了，心里有些着急，但是车里正好播放了一段对我特别有启发的广播，我感觉收获满满，到公司还和同事分享了。"

孩子听了，也会受到启发，积极思考自己遇到的"坏事变好事"的经历，逐渐培养起逆向思维，学会改变视角，在面对困境时不再钻牛角尖，减少因消极认知产生的内耗。

2. 积极的自我暗示

根据孩子的性格特点，家长可以为他定制专属的积极的自我暗示语。对于内向胆小的孩子，暗示语可以是"我勇敢尝试，每天都在进步"；对于容易焦虑的孩子，暗示语可以是"我放松心情，事情会顺利解决"；等等。

暗示的时机很关键。比如写作业前，孩子的心里可能会有些忐忑，担心作业太难，这时默念几遍暗示语，就能给自己打气。又比如进考场前，紧张的情绪容易蔓延，这时在心里默默地重复暗示语，能强化信心。

家长要持续观察孩子进行一段时间的积极的自我暗示后的心态与行为的变化，适时调整暗示语，确保其始终能有效发挥作用。

四 情绪表达渠道：释放内心的压力

1. 画"情绪画"抒发情绪

给孩子准备好纸笔，让孩子自由地涂鸦，用色彩、线条描绘出内心的情绪世界。孩子开心时，可能用的是黄色、粉色画笔，画出的可能是太阳、花朵，线条流畅而欢快；孩子难过时，可能用的是黑色、深蓝色画笔，画出的可能是大团色块或杂乱的线条，代表孩子内心的阴霾；孩子生气时，可能用的是红色画笔，画出的是尖锐的线条，像是怒火在燃烧⋯⋯

孩子画完后，家长一定要和孩子一起探讨画面的内涵。家长要平视孩子的眼睛，温柔地问："和我讲讲你画里的故事吧。这些颜色和线条分别代表什么呀？"倾听孩子对画面内涵的解释，是帮助孩子宣泄情绪的重要环节。

此外，还可以定期举办家庭画展，把孩子的作品精心装裱起来，展示在客厅或房间，让孩子的情绪表达更具仪式感。这有助于孩子在今后不断地主动表达情绪。

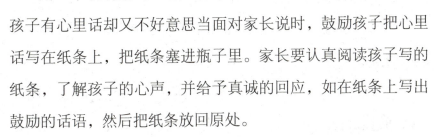

2. 使用"心声瓶"加强亲子沟通

用一个玻璃瓶当"心声瓶"。当孩子有心里话却又不好意思当面对家长说时，鼓励孩子把心里话写在纸条上，把纸条塞进瓶子里。家长要认真阅读孩子写的纸条，了解孩子的心声，并给予真诚的回应，如在纸条上写出鼓励的话语，然后把纸条放回原处。

这小小的仪式能极大地加强亲子沟通。孩子知道自己的情绪被家长关注、重视，内心的负担会减轻，就可以有效预防由情绪积压导致的内耗。比如，孩子在学校被老师误解，把内心的委屈写在纸条上然后放进瓶子里，家长看到后，找个合适的时间与老师沟通，化解误会并把结果告诉孩子，孩子的心情就会变好。

五　社交互动赋能：借助他人的力量

1. 结交"情绪伙伴"

家长可以在班级、社区里帮孩子寻找性格乐观、情绪稳定的同龄人，让他们结成"情绪伙伴"。小伙伴们在遇到烦心事时，可以互相倾诉、互相鼓励。

家长可以经常了解孩子和"情绪伙伴"之间的互动情况，引导孩子发现并学习伙伴的优点，比如乐观的心态、冷静处理问题的方式等，以提升孩子的情绪管理能力，减少人际交往冲突引发的内耗。

2. 从团体游戏中学习情绪管理

组织、开展一些有趣的团体游戏，让孩子在玩乐中学习情绪管理。

"情绪接力"游戏就是个不错的选择。参与者围成一圈，依次通过表情和动作展示一种情绪，让下一个人猜；猜错的人需表演一个节目再继续玩。在这个过程中，孩子能仔细观察他人的情绪表达方式，能学习到如何准确识别他人的情绪。

还有"合作拼图"游戏。孩子们分组合作完成一幅拼图，过程中需要交流、协商。这个游戏可以锻炼孩子的社交情商，让孩子懂得如何在团队中平和地交流并调节情绪，避免冲突。

六　持续巩固：养成管理情绪的好习惯

1. 营造开放的家庭情绪沟通氛围

家长是孩子最好的榜样。家长在日常生活中，要展示出应对困难或突发情况的积极的情绪和态度。

家长可以每天空出一段固定的时间作为亲子时光，和孩子分享双方的情绪故事，并与孩子拥抱。比如，晚上洗漱完毕，一家人坐在床上，轮流说一说当天遇到的开心的、不开心的事，说完后互相拥抱。这样做可以强化孩子的情绪安全感，让他知道无论自己遇到什么事，家人永远是他的后盾。

2. 制作情绪管理成长手册，设立成长奖励

制作一本情绪管理成长手册，精心贴上孩子画的情绪画和记录进步瞬间的照片。孩子每次成功运用情绪管理的方法后，比如在生气时主动去"情绪暂停角"冷静，或者通过积极的自

我暗示克服了考前焦虑等，都可以记录在手册上。

建立奖励机制。当孩子达到一定的情绪管理成长小目标，如一周内未因小事哭闹，就把他心仪的小贴纸奖励给他，或让他去想去的某个公园游玩，等等。实实在在的奖励能激励孩子持续践行，将情绪管理内化为习惯，远离情绪内耗的困扰。

总之，孩子的情绪管理之路漫漫，需要家长的耐心陪伴。上述每种方法都蕴含着爱与心理学的智慧。家长要多想办法帮助孩子，让孩子成为他自己情绪的观察者，及时调节他自己的情绪，为孩子的成长与心理健康筑牢根基。

第四章

运用赏识教育，减少家庭环境对孩子造成的心理内耗

在孩子的成长过程中，家庭环境对孩子的影响非常深远。本章将从心理学与教育学原理出发，探讨赏识教育在优化家庭环境中的价值，为家长提供切实可行的方法，旨在帮助家长营造积极的家庭氛围，增强亲子关系，让孩子在充满认可与鼓励的环境中成长，减少内耗，实现身心的健康发展。

赏识不是简单的夸奖
——真正的欣赏发自内心

　　漫漫育儿路，不少家长都曾在不经意间踏入一个误区——把赞美当成了赏识。他们以为，几句及时又响亮的夸赞就能填满孩子内心对来自他人的认可的渴望，却全然不知，赞美和赏识这两者的效果并不一样。家长的赏识影响孩子内心能量的盈缺，与孩子是否会陷入内耗也密切相关。

　　在日常生活中，类似的场景屡见不鲜：孩子在学校取得了一点儿小成绩，家长便如条件反射般立刻送上赞美之词；孩子完成了某项有些难度的任务，家长的夸奖脱口而出，毫不吝啬……这本该是亲子间温馨动人的互动时刻，然而绝大多数家长没有意识到，他们以为的对孩子的"赏识"可能仅仅是流于表面的赞美，离能够触动孩子的心灵、激发孩子内在力量的真正的赏识还差一大截呢！

　　从心理学的层面剖析，赞美通常侧重于对孩子取得的可见的成果的即时肯定。从某种程度来说，它遵循的是行为主义（主张通过观察和测量外显的行为来研究人类的心理）的基本逻辑，是一种有明确目的的、即时性的强化刺激手段，会让孩子更在意他人的眼光和评价。

比如，孩子在某次考试中获得了高分，家长立刻给予表扬，背后的深层动机往往是希望孩子能够延续这种考高分的行为，在下次考试中再接再厉。这种表扬和赞美大多聚焦于最终的结果，是一种相对单一维度的反馈方式，就像是给孩子的努力贴上了一个简单直白的标签，却忽略了高分背后孩子漫长而艰辛的努力过程。

而赏识则深深扎根于人本主义（强调以人为本，尊重人的价值）的土壤之中，是对孩子的内在特质、努力过程以及成长潜力的深度洞察与由衷认同。赏识关注的不仅是孩子做事的结果，还包含孩子是如何做的、如何实现的，以及在做的过程中展现出的熠熠生辉的、令人赞赏的品质。

举个例子。同样是孩子考了高分，赏识型家长会用饱含深情的语气这样说："妈妈这段时间留意到，你放学回家后，喝口水后就主动坐到书桌前，全神贯注地复习功课。遇到难题时，你有股不放弃、仔细钻研的劲儿，真的特别迷人！这次你取得的高分就是对这些日子努力付出的最好回报。妈妈由衷地为你感到骄傲，欣赏你的自律与坚持。"

我们可以通过下面简洁明了的对比，更直观、更清晰地了解二者的差异。

表1　赞美与赏识的区别

比较维度	赞　美	赏　识
关注点	短期可见成果，如考试分数、比赛名次等	长期成长过程，包括不懈努力、主动思考、勇于尝试等，以及内在特质，如坚韧、创新精神等
出发点	成人基于主观期望，期望孩子重复"好行为"以获取理想结果	更关注孩子自身的成长节奏，尊重孩子的个性，助力全面、个性化发展
持续性	即时性的短效行为，常伴随特定结果出现。一旦该结果的效力消失，赞美也会随之弱化	长效行为，贯穿孩子的成长过程，持续滋养孩子的心灵

马斯洛需求层次理论认为：孩子在成长过程中，有多种多样、层层递进的需求。赞美，在大多数情况下，仅能满足孩子较低层次的尊重需求，而且这种满足感往往如同蜻蜓点水一般，转瞬即逝。孩子或许会因为得到赞美而在短期内很开心，但从更深层次的自我认知的角度来看，他的内心并没有得到实质性的充实。

　　反观赏识，它如同肥沃的土壤，能够满足孩子的自我实现等更高层次的需求。当孩子真切地感受到家长理解并珍视自己的努力、个性时，他的内心深处会生出一种强烈的归属感，进而深信自己具备实现更大目标、创造更多价值的能力。

　　这是因为，真诚的欣赏能有效地激发孩子的大脑前额叶皮质等区域的活跃度，促使多巴胺等神经递质积极分泌。这些奇妙的生理反应有助于孩子形成稳定且坚韧的心理状态，大大减少焦虑、迷茫等负面情绪导致的内耗。

　　遗憾的是，许多家长并未真正领悟其真谛，对于孩子，总是习惯性地进行内涵不足的赞美。他们没有意识到：有时，这样的赞美反而会增加孩子的心理内耗。

　　就拿学习这件让许多家长操心的事来说吧。有些孩子在家长长期的对考高分这件事的赞美中，不知不觉地将考试成绩视作唯一的追求目标，而彻底忽视了知识本身的魅力与价值。为了获得家长的赞美，孩子每天机械、麻木地刷题、背诵，只希望获得让家长眼前一亮的漂亮成绩。一旦考试成绩不理想，这些孩子就会像遭霜打的茄子一般蔫了，失去了动力，陷入焦虑与自我怀疑之中，仿佛整个世界都失去了色彩。

长期处于赞美模式下的孩子，易过度在意他人的眼光和评价，而没有将过往取得的成绩真正内化为自身的力量，心理韧性往往不足。遭遇挫折时，他们很难从内心深处找到支撑自己重新站起来的力量，心理能量往往在外界的评价中被无情消耗。

从孩子自我认知发展的角度来看，长期处在被赏识状态的孩子能够自主地、积极地努力。他们如同手持一面明镜，清楚地了解自己的优势所在，也明白自己应朝着什么方向努力，内心始终坚定而自信。面对层出不穷的各种挑战，他们总能从容不迫地以主动成长型思维去应对。

　　小阳和几个小伙伴组队参加了学校组织的科技制作比赛。他本来十分自信，精心制作了参赛作品。可他没想到自己在初赛时就遇到了诸多棘手的情况，且评委们提出的一个个意见如同沉甸甸的巨石，压得他喘不过气来。同组的小伙伴们有些灰心丧气，开始打退堂鼓，小阳自己也像泄了气的皮球，非常沮丧。

　　然而，小阳的父母得知此事后，并没有责备小阳，或对他进行简单的安慰，而是静下心来仔细地观察孩子的作品。他们发现，虽然作品存在不少瑕疵，却展现出了小阳和小伙伴们独特的创新思维。于是，父母用充满鼓励的语气说道："儿子，虽然你现在遇到了困难，可你知道吗？爸爸妈妈看到了你们在这个作品里展现出的创新思维，它才是发明创造的真正意义所在，可比比赛结果重要多了。你们已经很棒了，接下来咱们一起想办法改进，一定能行！"

小阳听了父母的话，眼中的光芒瞬间重新点亮，他用力地点点头。他重拾信心，和小伙伴们重新讨论，认真改进作品。最终，他们的作品在复赛中脱颖而出，获得了大家的一致好评。

明白了赏识的重要性以及赏识与赞美的本质区别后，家长们在日常生活中需要做到将对孩子的进步的赞美转变为赏识，增强孩子的自信心，避免孩子产生内耗。

家长要努力让自己成为孩子成长过程中的"超级观察者"，不断发现孩子身上那些容易被忽视的闪光点。家长不妨尝试通过制作独具匠心的"成长记录手册"来助力自己观察。这份手册就像记录孩子成长的"时光相册"，家长可以在其中细致地划分出多个板块，比如"学业精进""品德涵养""兴趣深耕"等。

在"学业精进"板块，家长可以用心记录孩子每天主动完成作业时的细节，比如孩子遇到难题时微微皱起的眉头、专注思考的神情以及积极查找资料的行为等；在"品德涵养"板块，家长要记录孩子在与小伙伴相处时展现出的分享精神以及包容、大度的品质；在"兴趣深耕"板块，家长要敏锐地捕捉孩子每次练习才艺时的进步瞬间；等等。

这样持之以恒的记录能为家长对孩子进行赏识教育积累下丰富且真实的素材，让孩子真切地感受到家长对他的成长的全方位的用心和关注。

在与孩子沟通的过程中，家长要尽量摒弃那些笼统、宽泛的夸赞话术，精心构建一套能够精准传递赏识之意的"魔法话术模板"，采用"描述行为＋点明品质＋表达感受"的话术表达对孩子的赏识。

比如，当孩子主动打扫了房间，把家里收拾得井井有条时，家长可以面带微笑，用温暖而真诚的语气说："你今天主动扫地、擦桌子，把家里收拾得这么干净（描述行为），妈妈看到你细心又有责任心，懂得为家庭付出（点明品质），感到特别欣慰（表达感受）！"

总而言之，家长要用心发现孩子的点滴努力、微小进步、独特个性、美好品质等，让赏识如同温暖的阳光、甘甜的雨露，成为滋养孩子心灵的养分，让孩子远离内耗的乌云。在孩子成长的每一个阶段，家长的赏识应成为孩子前行的动力，让孩子的内心不断丰盈，信念日益笃定。

避免负面比较

——选择恰当的参照物，激发孩子的正向动力

许多家长的心底都藏着"望子成龙，望女成凤"的殷切期望，都盼着自家孩子能在各方面出类拔萃。看到别人家孩子的出色表现，家长出于本能，往往会开启"比较模式"。然而，比较一旦把握不好尺度，选择了错误的参照物，就极易催生负面比较，给孩子带来伤害。

负面比较，通常是指个体在一段时间内将自己的现状与他人的现状进行比较，并倾向于认为他人的现状更好。这里指的是家长只着眼于其他孩子的优势，将自家孩子与其进行片面的对比。这种比较方式忽略了自家孩子的优点、特点、努力与进步，使孩子长期处于"自己不如别人"的阴影之中。长此以往，孩子不仅自信心受挫，还可能产生自卑、嫉妒等不良情绪，进而导致严重的情绪内耗，阻碍孩子的健康成长。

根据心理学中的"镜中我理论"，孩子是通过他人的评价来认识自己的。尤其是家长的反馈，如同镜子一般，影响着孩

子的自我认知。当家长频繁地将孩子与他人进行负面比较时，孩子从这面镜子里看到的全是自己的不足，就会产生消极的自我认知，掉入自我怀疑的深渊，觉得自己无论怎么努力都无法赶上别人。消极的自我认知会严重影响孩子的学习和生活。比如，在面对挑战时，孩子会因为过度担忧而畏缩不前，将宝贵的精力大量消耗在处理负面情绪上，学习效率大幅下降，进而陷入恶性循环。

既然负面比较的危害如此大，那么家长该如何找准参照物，让比较成为孩子成长的助力而非阻力呢？关键在于转换视角——将目光聚焦在孩子自身的成长轨迹上，用孩子的现在和过去进行对比，充分肯定孩子的努力付出和取得的点滴进步。

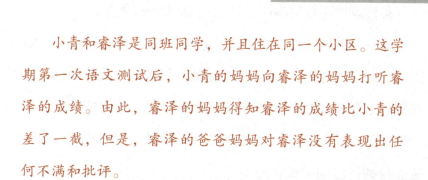

　　小青和睿泽是同班同学，并且住在同一个小区。这学期第一次语文测试后，小青的妈妈向睿泽的妈妈打听睿泽的成绩。由此，睿泽的妈妈得知睿泽的成绩比小青的差了一截，但是，睿泽的爸爸妈妈对睿泽没有表现出任何不满和批评。

　　他们回顾了睿泽这学期的学习情况。为了提高成绩，睿泽每天早上背诵知识点，晚上做完作业后还坚持做一份阅读理解练习。正因为这些努力，他的成绩比之前有了较大的提升。于是，父母真诚地对他说："儿子，你这次考试比之前进步太多啦！以前有些知识点你掌握得不扎实，而这次，你的基础题准确率很高，阅读理解也有很大的进步，你付出的努力确实有收获。看到你的进步，爸爸妈妈真为你高兴！"

这种对他自身努力付出的积极反馈，让睿泽真切感受到父母的真诚，感受到父母确实将自己的努力看在眼里；他也切实感受到，只要自己坚持不懈，就能不断进步。父母的鼓励和自己所获得的成就感极大地激发了睿泽的学习动力，让他更有信心去迎接新的挑战，也有效减少了因与他人进行不恰当比较而产生的内耗。

家长运用比较策略时，还需注意以下三个方面。

第一，家长要善于观察，尽量全面地记录孩子的成长点滴。比如，记录孩子在面对困难时展现出的坚韧不拔的精神，以及在团队合作中发挥的积极作用，等等。记录不仅能让家长更全面地了解孩子的情况，还能在进行对比时有理有据，让孩子切实感受到自己的成长和进步。

第二，与孩子沟通时要讲究技巧，要选择合适的时机进行比较反馈。当孩子主动分享自己的成果时，家长可以顺势将孩子现在的表现与之前的进行对比，强化他的成就感；当孩子遭遇挫折、情绪低落时，可以通过对比让孩子看到他自己曾经克服的困难等，帮助孩子重拾信心……

第三，家长还要特别注重与孩子的双向沟通。家长要认真倾听孩子对比较的感受和想法，根据孩子的反馈及时调整比较策略，确保孩子能够真正从比较中看到自己的进步，获得进一步成长的动力。

苏阳非常想参加学校运动会的跑步项目，并想取得好名次，可是他的体能状况很不理想，跑不了几分钟就气喘吁吁，力量训练也很难坚持……但他凭借不服输的劲头，每天早起进行锻炼，放学后还主动增加训练量。

为了鼓励苏阳坚持下去，他的爸爸巧妙地拿自己和孩子进行比较："儿子，爸爸妈妈经常跟着你一起锻炼，一开始咱们三个人连五百米都跑不下来，现在我和你妈妈还在努力突破一千米的难关，而你已经能轻松跑完三千米了，你的进步可真快啊！"

在父母持续的鼓励下，苏阳始终保持着训练热情，一步一个脚印地克服了种种困难。最终，他在学校的运动会上取得了优异的成绩，还打破了一项校运会纪录。

从苏阳的经历中，我们可以清晰地看到，他的父母之所以能够成功激发孩子的潜力，是因为精准地选择了比较的参照物。这种比较方式不仅让孩子在与"对手"（自己的父母）的比较中获得了成就感，还让他感受到了与家人共同成长的乐趣。这样的比较，为其他家长提供了极具操作性的宝贵经验。

与之相反，思瑶学习小提琴的经历则为家长们敲响了警钟。

思瑶最初对小提琴充满热爱，每天会花费大量时间练习基本功。然而，她的父母总是频繁地拿她与其他孩子进行横向比较。看到别人家孩子考级，他们就焦急地对思瑶说："你看看人家，和你一起开始学小提琴，都考到五级了，你还停留在三级阶段！"父母完全忽视了思瑶在练习过程中付出的努力，从未看到她即便磨破了手指也不吱声，依然坚持练琴的坚韧。

久而久之，思瑶在父母的负面比较下，逐渐失去了学好小提琴的信心，甚至对曾经热爱的小提琴产生了厌烦心理。

　　这一案例警示家长：错误的比较方式对孩子心理的伤害是巨大的，它不仅会磨灭孩子的学习热情，还可能导致孩子产生心理内耗、自我怀疑，从而放弃原本热爱的事情。因此，家长在进行比较时，必须慎之又慎。

　　总之，家长在对孩子进行比较式激励时，一定要头脑清醒，坚决摒弃盲目的横向比较，而要关注孩子自身的纵向发展，合理运用比较策略，选择合适的参照物，激发孩子的积极性和主动性。家长需要不断学习、积极实践，巧妙运用比较这把双刃剑，为孩子营造积极向上、充满鼓励的成长环境，助力孩子不断进取。

平衡赏识与期望
——鼓励而不溺爱，支持而不包办

在生活中，溺爱型家长可能会对孩子提出的各种要求无条件地应允。比如，孩子渴望拥有最新款电子设备，有些家长不假思索就慷慨解囊，全然不考虑这是否会影响孩子的学习和生活；有些孩子从来不收拾自己的房间，房间里乱七八糟的，家长也以"孩子目前最重要的任务是学习"为理由，自己帮孩子收拾，使孩子失去承担责任、培养技能的机会……长此以往，孩子缺乏独立性和责任感，自理能力弱，一旦离开家长营造的舒适圈，面对外界的风雨时，便会惊慌失措、无所适从。

学校的放学铃声刚刚响起，班级大扫除便紧锣密鼓地展开了。大家迅速而有序地分工，各自投入劳动中。几位手脚麻利的同学拿起扫帚，不一会儿，地面就变干净了；还有一些同学齐心协力地提来几桶水，准备擦拭窗户与黑板。

奕辰被小组长分配去拖地。他跟跟跄跄地提来一桶水，想把拖把放进水桶浸湿。可由于他用力过猛，水溅出来很多，瞬间弄湿了他的裤脚和鞋子。这突如其来的状况让他有些不知所措，他愣了一下。旁边的同学见状，皱着眉头说："你怎么弄了这么多水到地上，很难拖干净的！"

奕辰的脸瞬间涨得通红，他低着头，小声地说道："我以前真的没做过这些，不太会弄，给大家添麻烦了。"原来，奕辰的父母溺爱孩子，平时在家，什么家务都不舍得让他干，担心他会在做家务的过程中累着或者受伤，这让奕辰连拖地这种简单的劳动都无法熟练地完成。

如果说溺爱似甜蜜的陷阱，那么包办则如同密不透风的牢笼，限制了孩子成长的自由。有些家长从孩子的日常起居到学业规划，事无巨细地安排妥当。孩子的课余时间被家长选定的各类兴趣班填满，孩子毫无自主空间，如同提线木偶，丧失了探索自身的兴趣和发掘自身潜力的主动性。

　　家长对孩子的溺爱和包办往往有复杂的心理成因。一些家长可能出于对孩子的过度疼爱，将孩子视为自己生活的中心，常常过度放大孩子的优点，认为孩子做的一切都是无比可爱和完美的，在不知不觉中走向了溺爱之路。而另一些家长则可能因为自身对孩子抱有过高的期望，内心深处渴望孩子能够在各个方面都出类拔萃，成为众人眼中的佼佼者。这种急切的心态使他们对孩子的生活起居、学业规划等进行全方位的干预和安排，试图为孩子打造一条通往成功的捷径，由此成为包办型家长。

　　无论是溺爱还是包办，都可能让孩子变得脆弱、胆小和缺乏主见，也可能让孩子变得骄纵、任性和缺乏同理心。这就凸显出家长在育儿过程中平衡好赏识与期望的重要性。合理的赏识能够给予孩子自信和动力，让孩子在成长的道路上保持积极的态度；恰当的期望则能为孩子指引方向，激励孩子不断努力进步。只有两者平衡，才能避免溺爱和包办，帮助孩子茁壮成长。

　　家长怎样才能在赏识与期望之间找到平衡点呢？

　　最重要的是，家长要形成孩子是独立的个体，并非自己的延续或者替代品这个认知。只有真正认识到孩子是独立的，才能做到尊重孩子的独特个性、天赋潜能及兴趣爱好，且不对孩子抱有不切实际的期望。比如，孩子若展现出对体育的热爱与运动天赋，家长则可在鼓励孩子积极参与体育活动的同时，关注其文化课程的均衡发展，而非强求孩子的所有学科成绩都出类拔萃。因为任谁都无法样样精通、科科优秀，即使是家长自己，也无法做到。

孩子是独立的个体，培养出自主学习能力和自我效能感是孩子成长的关键因素。家长鼓励和支持孩子，意味着为孩子提供必要的资源和引导，帮助孩子在其感兴趣的领域深入探索。同时，家长应做到不包办、不代替，尊重孩子的自主性和创造性。只有让孩子亲历学习、发展、思考、受挫、振作、总结与重新来过的这一系列过程，孩子内在的独立性，以及自主思考、自主学习的能力才能真正得到提升。如果孩子尚未思考就得到了答案，那么他能够记住的只有答案，至于答案是如何得到的，他无从知晓。

以孩子做科学实验为例。家长可以为孩子购买实验器材和相关书籍，引导孩子提出问题和假设，但实验的设计、操作和结果分析都应该由孩子自主完成。这样，孩子在过程中不仅能学到科学知识和实验技能，还能提升自己解决问题的能力和创新思维，增强自我效能感，相信自己有能力独立完成任务和应对挑战，从而更加自信。

总之，家长要保持清醒的头脑，根据孩子的年龄、能力和个性，灵活运用鼓励和支持策略，避免陷入溺爱和包办的误区。这样做，才能真正促使孩子全面发展，帮助孩子在成长的道路上减少内耗，从而变得独立、自信和有责任感，为未来的人生奠定坚实的基础。

自我价值感来自被认可

——父母的肯定让孩子更有底气

学校正在进行文艺表演选拔赛。舞台上，自信的孩子尽情展现着自己的才艺。可舞台下，身怀才艺却因内心的自我否定而踌躇不前的孩子也不少。他们的眼神不坚定，嘴里还嘟囔着："我不行。""我还是不参加了。"一旁的家长一头雾水：孩子的才艺水平不低啊，为什么如此缺乏自信？

其实，这正是孩子成长的核心要素——自我价值感严重缺失的信号。

那么，到底什么是自我价值感呢？

从心理学的角度来讲，自我价值感是孩子内心深处对自身存在的意义、重要性及自身能力的一种主观判断。它并非与生俱来、一成不变的，而是孩子在成长过程中，通过与外界环境尤其是与父母的互动，逐步构建并动态发展的。

孩子呱呱坠地之时，如同一张纯净的白纸，他们凭借本能感知世界，尚无法形成明确的自我认知。随着年龄的增长，他们步入了幼儿期，开始从父母温柔的眼神、亲昵的语气，以及每一次亲密接触中，感受到自己是被爱、被需要的，于是悄然在心中种下了自我价值感的种子。

到了童年期，孩子一头扎进知识的海洋，并在兴趣爱好的天地中尽情探索。他们极度渴望自己能掌握许多技能，无论是解开一道数学难题、画出一幅漂亮的画，还是在足球场上漂亮地射门得分，他们都希望能得到外界，特别是父母的认可。这一阶段，父母的每一次肯定，更像是搭建自我价值感大厦的砖石，都会使孩子的自信心不断向上攀升，助力孩子勇敢地迈向更广阔的成长天地。

青春期的孩子，身心发生巨大变化，身处复杂多变的社交环境，怀抱远大而炽热的理想和追求。此时，他们迫切希望自己独特的个性被尊重，想让他人看见自己心中的梦想，想要获得鼓励。倘若父母既能理解孩子对特立独行的追求，也能支持孩子为了科研梦想而在实验室废寝忘食，孩子便能顺利地完成自我价值感的"拼图"，获得自信且积极向上的自我认知。

反之，若在成长的任一阶段，孩子总是被忽视和被否定，自我价值感出现缺口，后续的成长之路便极易陷入失衡状态。

叛逆、迷茫、自卑等负面情绪有可能如影随形，阻碍孩子迈向理想的未来。

阿德勒的个体心理学指出，孩子在成长过程中，有追求优越、补偿自卑的本能动力，而这一动力的作用过程与自我价值感的构建紧密相连。每个孩子都像一颗渴望发光的星星，在成长的过程中不断寻求自我肯定与被他人认可和欣赏，期望绽放属于自己的光芒。

然而，在现实生活中，不少家长在无意识间制造的"欣赏赤字"成为孩子产生心理内耗的源头。生活中，这样的画面屡见不鲜：孩子考了不错的成绩，满心欢喜地跑回家，眼中闪烁着期待表扬的光芒，家长却只是冷漠地回应："别骄傲，你们班还有成绩更好的。"这样的话仿佛一盆冷

水，瞬间浇灭了孩子的热情。孩子精心制作了手工作品并将之当作生日礼物送给父母，换来的却只是父母敷衍地点头，于是，孩子原本明亮的眼神瞬间黯淡无光。孩子在日记中所写的"我觉得我做什么都得不到爸妈的表扬和认可，是不是我真的很差劲？"等文字，真实展现出孩子内心因缺乏父母的欣赏而产生的自卑、愤怒与自我贬低等情绪。

在社交与学业这两个孩子成长的关键领域，低自我价值感的负面影响如同涟漪般不断扩散。在社交场上，低自我价值感的孩子总是充当"小透明"，在集体活动中，即使心中有想法，也因害怕犯错、担心被否定而紧闭双唇，不敢表达。平时，在与同学的社交中，他们只能眼巴巴地看着友谊的小船从身边驶过，自己却因恐惧而不敢上船，久而久之，就会陷入孤独、焦虑的内耗中，在群体活动中愈发显得畏缩。在学业方面，难题于他们而言如同不可逾越的高山；面对新知识，他们的脑海中首先蹦出的是"我不行"，而非勇敢尝试、探索。总之，他们在社交和学习上稍遇挫折便失去自信，陷入内耗。长此以往，形成恶性循环，孩子的成长之路也变得艰难。

既然找到了问题的症结，家长究竟该如何重塑孩子的自我价值感呢？答案是：认可孩子，积极给予孩子欣赏与肯定。

首先，家长要练就一双发现美的慧眼。不妨尝试每日发掘孩子的三个闪光点，无论是孩子的礼貌行为（比如主动和邻居打招呼），还是新奇独特的想法（比如发现了玩具的新玩法），或是点滴进步（比如独立整理房间），都值得被详细记录并适时反馈给孩子。同时，家长要学会将"描述细节＋表达感受＋升华品质"这样的欣赏性话术巧妙地融入日常对话。让我们结合几个真实的案例来实践吧。

周末的午后，在小区花园玩耍的梓轩看到邻居家的小弟弟不小心摔倒在地，玩具撒落了一地。他立刻跑过去，小心翼翼地扶起小弟弟，还帮忙把玩具一一捡起，耐心地安慰小弟弟。他的这一举被妈妈看在眼里，妈妈微笑着对梓轩说："梓轩，你刚才看到小弟弟摔倒，毫不犹豫地去帮忙（细节），妈妈心里真的特别欣慰（感受）。你真是个善良又暖心的好孩子（品质）！"

晚餐过后，利妍主动提出帮妈妈洗碗。她认真地把每一个碗碟洗干净并摆放整齐。尽管小手有些发红，但她丝毫没有抱怨。此时，爸爸轻轻地拍了拍她的肩膀，温柔地说："利妍，你今晚主动承担家务，把碗洗得这么干净（细节），爸爸看着特别感动（感受）。你真是个懂事又勤劳的乖女儿，知道为家人付出，非常有责任感（品质）！"

学校开展科技小制作活动，逸飞想要制作一个声控发光小木屋。他查阅了许多资料，反复尝试不同的电路连接方法，经历了多次失败后，终于成功通过声控让小木屋亮起了温馨的灯光。这个过程展现了逸飞的求知欲、探索精神和坚韧不拔的精神。当他兴奋地向父母展示成果时，父母激动地给予回应："逸飞，你为了这个声控发光小木屋付出这么多努力，查阅资料，不断尝试（细节），爸爸妈妈真为你感到骄傲（感受）！你的这种爱钻研的劲头、遇到困难不放弃的精神（品质），一定会让你在未来取得更大的成就！"

家长持续、精准、全方位的认可，对孩子自我价值感的构建起到了不可替代的作用。这就好比建筑高楼，自我价值感是深埋地下的地基，它的稳固程度直接影响孩子成长的高度以及在未来抵御风雨能力的强弱。每一位家长都应静下心来，抛开偏见，用心观察孩子成长的细节，真诚地加以认可，为孩子的内心注入永不枯竭的精神动力，助力孩子远离内耗，建立宝贵的自我价值感。

第五章

屏蔽别人的声音，减少外界环境造成的内耗

本章将深入剖析外界的负面因素是如何像冷箭般伤害孩子脆弱的自尊心的，以引起家长的警惕，及时提醒并帮助孩子学会保护自己的情绪，让自己的内心强大。本章还为家长提供了一系列实用的应对策略，如引导孩子找到情绪宣泄途径；向孩子传授社交技巧；教孩子甄别外界的意见，培养自我肯定意识，学会正确看待失败。

警惕来自外界的打击
——保护孩子的自尊心

在孩子的成长过程中，周围环境中的负面因素常成为孩子内耗的主要原因之一。其中，来自外界的打击就像一根根尖刺，悄无声息地刺入孩子稚嫩且敏感的心。这些打击可能是他人不经意间的一句贬低，像"这孩子怎么这么笨"；也可能是在集体活动中孩子遭到的故意排斥，让孩子成为孤单的局外人；还有可能是来自他人的毫无道理的严厉批评，使孩子陷入自我怀疑的深渊……以上种种，都有可能使孩子产生心理内耗。

孩子的内心纯净而脆弱，如同刚刚绽放的花朵，需要精心呵护。而自尊心则如同这花朵的花蕊，一旦受损，整朵花都会迅速枯萎。自尊心受伤可能引发自卑、孤僻、厌学等一系列严重的心理问题，进而对孩子的性格和未来发展产生难以逆转的负面影响。

任何一位家长都不忍心看到孩子在这些来自外界的打击下变得消沉、失去自信。所以，我们务必对此高度重视，用耐心和细心，以及敏锐的洞察力，及时发现那些可能伤害孩子自尊心的因素，并要毫不犹豫地采取有效措施，全力为孩子撑起一把保护伞。

一　言语暴力：刺痛心灵的利刃

来自外界的言语暴力，通常表现为贬损性、侮辱性语言。此外，还有很多人经常打着"开玩笑"的幌子，对孩子进行精神攻击。这些都会破坏孩子的自我认知，使孩子陷入自我否定的情绪漩涡，产生心理内耗，阻碍其健康人格的发展。

晓辉一直喜欢绘画，对绘画充满热情。学校举办绘画比赛，晓辉精心准备许久后，带着自己的得意之作参加比赛。摆放作品时，几个高年级同学路过，打量了一眼他的画，便开启了无情的嘲讽："你这画的是什么呀？线条乱七八糟的，让人看不懂。你还敢参加比赛？""就这水平，简直是浪费大家的时间，评委看了估计都得摇头。"晓辉瞬间呆住了，小手紧紧握着画框，脸上的笑容瞬间僵住，满心的激动如泡沫般破碎。

言语暴力1——"你这画的是什么呀？乱七八糟的，让人看不懂。"这样的话，直接否定了晓辉作品的可理解性，让他觉得自己的创作毫无价值。辛苦构思的画面布局、色彩搭配成了别人眼中的乱涂乱画，晓辉的自信心遭受重创。

言语暴力2——"你还敢参加比赛？"这质问式的嘲讽，更是强化了晓辉内心的怯懦，让他质疑自己是否有参赛的资格，怀疑自己是个自不量力的闯入者。

言语暴力3——"就这水平，简直是浪费大家的时间，评委看了估计都得摇头。"这句话进一步加重了晓辉的自我怀疑，不仅否定他的能力，还让他想象评委的负面反应，让他陷入深深的恐惧与沮丧。

二　负面评价：压力的放大器

外界的负面评价，有时是一种基于片面认知或主观偏见所产生的消极反馈。这类评价常以主观批判、过度苛责的形式呈现，如"你的能力太差""你永远比不上别人"等。它们会动摇孩子对自身能力与价值的正向认知，削弱其心理韧性，让孩子陷入自我怀疑与焦虑。

　　课堂上，老师在黑板上写出一道数学题，小明迅速举手回答，可惜回答有误。老师刚温和地指出，还未进行讲解，就有同学小声嘀咕："这都能错，太笨了！是不是根本没听老师讲？""这么简单的题，大家都能答对，他怎么搞的？"小明听到这些话，原本挺直的脊背瞬间弯下来，脑袋低垂，脸上火辣辣的。他心想："难道我真的比别人笨？连这样的题都做不对，老师肯定对我很失望。"自那之后，当老师在课堂上提问时，小明即便知晓答案，也不敢轻易举手，害怕因出错而难堪。他的学习积极性大大受挫。

负面评价1——"这都能错，太笨了！是不是根本没听老师讲？"这样的评价既否定了小明的智力，又质疑他的学习态度，双重否定让小明极度沮丧，觉得自己的学习能力和个人努力都被否定了。

负面评价2——"这么简单的题，别人都能答对，他怎么搞的？"通过将小明与他人对比，进一步凸显小明的"失败"，让他陷入自我贬低，以后不敢再回答问题，害怕在同学面前再次暴露不足。

三　无意却伤人的微表情：不安的触发器

孩子内心纯净，对身边人的情绪感知敏锐。当他兴高采烈地向家长展示自己的成果时，家长不经意间的皱眉、不在意的眼神等，都会被孩子捕捉到。在学校，老师听完孩子的回答后，微微摇头等动作，也会被孩子看在眼里。

心理学表明，成长阶段的孩子依赖外界的反馈构建自我认知。他人的一些微表情对孩子来说，有可能成为一种心理暗示。孩子做事如果过度在意他人的看法，就会害怕看到他人的一些带有负面意义的微表情，说话做事就会畏首畏尾，对新事物不敢尝试，等等。长此以往，孩子的内心便会陷入纠结、挣扎，产生严重内耗。

课间休息时，嘉怡兴高采烈地和同学们分享自己最近读的一本精彩的科幻小说。她说得眉飞色舞，而旁边一个同学一边翻书，一边漫不经心地翻了个白眼，轻轻哼了一声。嘉怡的声音戛然而止，心里满是疑惑与不安："难道我讲得不好？是不是打扰到他，让他厌烦了？"此后，她在同学面前变得说话谨慎，总是不断地观察别人的表情，生怕再遭到类似的对待，她的性格逐渐变得内敛。

"翻了个白眼，轻轻哼了一声"被嘉怡视为同学对自己讲述的内容感到厌烦的信号。翻白眼让她质疑自己所讲的内容的吸引力，哼声更使她笃定地认为自己打扰了别人，进而变得小心翼翼，在后来与同学的正常交往中也总是充满顾虑。

四　来自同龄人的排挤：失群的痛苦

在孩子的社交世界里，来自同龄人的排挤是一种极具杀伤力的武器。排挤往往通过孤立、排斥或故意忽视等行为表现出来，使孩子在群体中处于边缘位置，感觉自己仿佛是被雁群抛弃的孤雁。

校园的课间活动本应是孩子们欢乐玩耍、尽情交流的时光。但小峰却总是独自站在操场的角落，看着同学们三五成群地嬉笑打闹。原来，因为他的体形较胖，在体育课的跑步或跳绳等比赛中经常拖小组的后腿，小组里的几个同学就有意无意地排挤他——做游戏时不让他参与，分组活动时也总是把他排除在外，还总是讽刺他："胖子，别来添乱！"小峰曾多次鼓起勇气尝试主动加入集体活动，可换来的却是同学们的冷漠拒绝或嘲笑。

排挤行为1——做游戏时刻意孤立。这让小峰失去了与同龄人正常互动和建立友谊的机会，他开始怀疑自己是不是真的不招人喜欢。无法融入集体的他，内心的孤独感与日俱增。

排挤行为2——分组活动中的排斥。这使小峰在学习和实践等需要团队协作的场景中无法获得应有的锻炼和成长，自信心也受到极大打击。他变得越来越沉默寡言，害怕在公开场合表达自己的想法和需求。

排挤行为3——言语上的嘲笑，如"胖子，别来添乱！"这类话语，如同一把撒在伤口上的盐，让小峰对自己的外貌和能力产生了严重的自我否定，陷入了深深的自卑情绪中，甚至开始对上学产生恐惧和抵触心理，严重影响了他的学习和生活状态，也阻碍了他正常的心理发展和人格塑造。

上述案例中的孩子因外界的种种打击而备受煎熬，家长的内心一定满是心疼与忧虑。案例中孩子的遭遇为我们敲响了警钟。不过，一味地心疼与忧虑无济于事，家长的当务之急是探寻有效的应对之策。

首先，家长要帮助孩子认识到自己的优点与长处，让孩子明白每个人都是独一无二的，都有闪闪发光的地方。不妨鼓励孩子制作一本"××专属优点簿"，每天晚上花几分钟时间回顾自己在一天中做得好的事情，无论是主动帮助同学捡起掉落的文具，还是成功解出一道数学难题，都值得被认真地记录下来。日积月累，孩子便能看到一个生动且优秀的自己，即便面对外界的质疑，内心也会非常坚定，不至于被轻易击垮。

就拿晓辉来说，家长可以在他因绘画比赛受挫而灰心丧气时，和他一起翻阅过往的作品，指着那些色彩运用大胆、想象力丰富的画作，真诚地夸赞："你看，这独特的用色可不是每个孩子都能想到的，这就是你的天赋呀！每个人画画都有自己独特的风格，你画画也有自己的风格。"让晓辉意识到自己的与众不同。

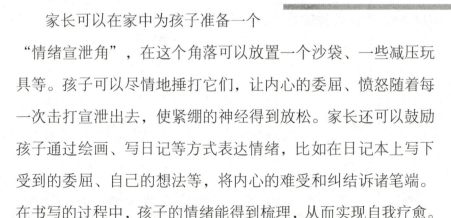

孩子遭受外界负面声音的打击时，心中必然会积压诸多委屈、愤怒与不安的情绪。若不能及时宣泄，孩子的心理防线就会因这些负面情绪崩溃。因此，为孩子创造多样化的情绪宣泄渠道至关重要。

家长可以在家中为孩子准备一个"情绪宣泄角"，在这个角落可以放置一个沙袋、一些减压玩具等。孩子可以尽情地捶打它们，让内心的委屈、愤怒随着每一次击打宣泄出去，使紧绷的神经得到放松。家长还可以鼓励孩子通过绘画、写日记等方式表达情绪，比如在日记本上写下受到的委屈、自己的想法等，将内心的难受和纠结诉诸笔端。在书写的过程中，孩子的情绪能得到梳理，从而实现自我疗愈。

除了以上方法，家长还可以教会孩子一些实用的社交技巧，来应对复杂的人际关系，让孩子在面对外界的负面评价时更加从容、自信。

家长可以引导孩子学会用幽默应对来自他人的嘲笑。倘若晓辉再听到类似"你画得真难看"这样的评价，他可以笑着回应："我是抽象派的潜力股。你现在看不懂，但以后说不定还要抢着收藏我的画呢！"这样用幽默化解尴尬，既能不让自己陷入难堪境地，又能巧妙地回应对方。

家长还可以教孩子学会转移话题。当嘉怡分享小说却被同学翻白眼时，她可以迅速开启一个新话题——"对了，最近学校要举办运动会，大家准备参加什么项目呀？"将焦点从自己身上转移开，避免与对方发生正面冲突，有效避免冷场或尴尬。

通过对这些社交技巧的不断练习，孩子在社交场合便能游刃有余，阻止外界的负面评价对自己产生不良影响。

在乎别人的看法很正常
——教孩子分辨哪些意见值得听取

在孩子的成长过程中，我们常常会看到以下场景。

周末，孩子满心欢喜地挑选了一件自己喜欢的衣服准备出门玩耍，这时奶奶来了一句："你这件衣服不好看，换一件吧。"孩子瞬间就犹豫了，开始纠结要不要换衣服。这种因他人一句简单的建议就陷入纠结的情况，

在孩子的生活中屡见不鲜。孩子每天都会面对来自四面八方的各种意见和看法，其中自己喜欢、崇拜的人的看法，对孩子来说尤其重要，而对于自己真正要什么、喜欢什么却并不清楚。所以，帮助孩子学会分辨哪些意见值得听取就显得尤为重要。

孩子容易受到外界意见的影响，这背后是有原因的。从心理发展阶段的角度来看，孩子在成长过程中特别渴望得到认同。

比如，青春期的孩子格外在意同伴的看法，因为同伴在他们的生活中占据了重要地位。他们希望通过得到同伴的认可来证明自己的价值。有时，同伴的一句赞扬可能会让他开心一整天，而同伴的一句否定则可能让他陷入长期的自我怀疑。

通过前文的一些分析，我们知道了成长中的孩子的自我认知在很大程度上依赖于外界的反馈。他们习惯于通过别人的评价来描绘自己的模样，由于缺乏对自己的清晰、稳定的判断，所以外界的每一个声音对他们来说都像重要的指示。

除了心理发展方面的原因，成长环境也对孩子的自我认知有很大的影响。在家庭中，如果家长总是强调他人对孩子的评价，或总是拿别人来和孩子对比，比如经常说："老师要是知道你这样，会怎么看你？""邻居家的孩子都这么做，你怎么不这么做？"孩子就会逐渐养成一种习惯，即把别人的想法、做法、看法看得很重。

在学校这个社交环境里，从众行为比较普遍。孩子害怕被孤立，为了融入集体，往往会不假思索地接受同学的意见。比如在小组讨论中，即使自己有不同的想法，但看到大多数同学都支持另一种观点，就会放弃自己的想法，随声附和。

那么，对于各种各样的意见，我们该如何帮助孩子去分辨它们的价值呢？

1.　意见必须是正面且有建设性的

这类意见是基于事实、积极向上且能为孩子提供改进方向的。比如老师在批改孩子的作文时，指出文章的结构不够清晰，建议改用"总—分—总"的结构，并且详细说明了如何调整段落内容能让文章更有逻辑，等等。这种意见对孩子的学业、成长等有极大的促进作用。孩子通过接受这样的意见，可以提升自己的写作水平，拓展思维，同时也会因为自己能够得到具体的指点而增强自信心。

2.　客观、理性的意见有可能"逆耳"

客观、理性的意见虽然有时听起来让人不太舒服，却真实反映了孩子存在的问题。比如在一次团队活动中，队友对孩子说："你在团队中太独断了，总是自己做决定，不考虑我们的想法。"虽然这话不好听，却指出了孩子在团队合作中的问题。处理这类意见的关键，是透过对方负面的表述看到其合理的内核。家长要让孩子理解并接纳这类意见，帮助孩子正视自己的不足，避免在错误的道路上越走越远。家长这样做，不仅能培养孩子客观面对自身缺点的思维，还能让孩子学会自我反思，不断完善自己。

3. 学会甄别无端的负面意见

生活中不乏无端的负面意见，这类意见往往含有恶意。比如，孩子在学校参加歌唱比赛，本来发挥得很好，有的同学却出于嫉妒心理，酸溜溜地评价："唱的什么呀，根本找不着调！"这种无端的负面评价会对孩子的自信心造成严重的打击，还会干扰孩子对自己的正确评价，有可能使孩子产生无谓的心理内耗。

我们要教孩子甄别这类意见，告诉孩子：可以从意见发出者的动机、发表意见的依据等方面去判断意见是客观的、善意的，还是不符合实际的、随意的、不负责任的。如果是无端的负面意见，就不要理会；或者通过积极的自我暗示，比如"我知道自己的画有独特之处，他只是不懂得欣赏"这类想法和话语来调整自己的心态。

4. 理性看待来自不同立场的意见

还有一种意见，是由立场不同者提出的合理的意见。比如在选择兴趣班时，孩子对绘画很感兴趣，而家长则认为学习乐器对他未来的升学更有帮助，等等。这就是年龄、经历和角色不同，导致看待问题的角度和侧重点不同，从而产生了不同的意见。对于这种情况，要引导孩子站在他人的立场去思考，分析各方意见背后的出发点和利弊。让孩子明白，意见不同并不意味着某一方的立场是绝对正确或错误的，而是可能都有其合理性。经过甄别和综合考虑，孩子就能听取合理的意见，做出更适合自己的决策，同时也能培养自己的同理心和决策能力。

让孩子明白了不同类型意见的价值，接下来就要教孩子一些实用的方法，帮助孩子培养分辨意见的能力。

1. 营造轻松的沟通氛围，多与孩子沟通

在日常生活中，家长要多和孩子交流，营造轻松的家庭氛围，让孩子愿意分享自己在面对外界意见时的真实感受和想法，让孩子感受到被尊重和理解。比如，家长可以在吃晚餐时和孩子聊聊学校里发生了哪些事情，问问孩子有没有遇到别人给自己提意见的情况，了解孩子是怎么想的；同时，也要通过提问来启发孩子思考。当孩子说出别人给自己提的意见后，家长可以问："你觉得

他这么说的原因是什么呢？""这个意见对你有什么帮助？或者你觉得有什么不合理的地方吗？"通过这样的方式，引导孩子分辨哪些意见是值得听取的，哪些则是可以屏蔽的，以此减少孩子的心理内耗，培养孩子独立思考的能力。

2. 通过情景模拟训练指导孩子分辨意见

情景模拟训练也是一个很好的帮助孩子分辨意见的方法。

我们可以模拟多样化的场景，比如模拟课堂发言，由家长扮演同学，对孩子提出质疑和反对意见；模拟参加比赛，家长扮演评委，对孩子提出批评或建议；等等。让孩子在这些模拟情境中练习如何分辨和回应各种意见。模拟结束后，家长要给予孩子及时的反馈。如果孩子判断正确，应对得当，家长要给予孩子肯定和鼓励；如果孩子的应对存在问题，家长要指出并和孩子一起总结经验。

如在课堂发言模拟结束后，孩子面对不同的观点能够冷静地分析并合理地回应，家长就可以说："你做得很棒，能够认真思考同学的意见，还能清楚地表达自己的想法。"要是孩子没有处理好，家长可以说："你看，刚才同学提出不同观点的时候，你有点儿急于反驳了。你可以先听听他的理由，再想想自己的观点有没有需要补充或者调整的地方。"通过这样的反馈和总结，可以逐步加深孩子对分辨意见的方法的理解和运用。

榜样的示范作用也不可小觑。家长在生活中要以身作则，当面对他人的意见时，要理性分析，做出正确决策。比如，家长可以把自己在工作中应对同事提出的不合理的意见的过程讲给孩子听，说："同事建议我用另一种方法做这个项目，但我分析了一下，他的方法虽然有一定道理，但不太适合我们目前的情况。我考虑了我们的资源、时间等因素，还是决定采用我之前拟定的方法。"通过这样的讲述，孩子可以从家长的行为中学习分辨和处理他人意见的方法。

　　总之，孩子容易受外界意见的影响是正常的。为了让孩子的心理得到更健康的发展，家长必须帮助孩子学会分辨哪些意见值得听取，让孩子学会过滤不合理的意见，不轻易陷入内耗，逐步成长为能够独立思考、理性对待外界看法的人。

我就是我

——培养孩子的自我肯定意识

在小区的广场上，孩子们在嬉闹玩耍。一个小男孩兴高采烈地向小伙伴展示自己折的纸飞机，满心期待得到夸赞。这时却有一个孩子朝他泼冷水："这飞机的样式太普通啦，是飞不远的！"小男孩的脸上瞬间没了笑容，原本高举纸飞机的手也放了下来，表情变得不开心。

这样的场景太常见了。孩子的成长过程中，外界的负面评价常如影随形，打击孩子的自信。所以，家长要注意培养孩子的自我肯定意识，让孩子避免陷入内耗。

自我肯定意识对孩子的成长影响深远。从心理学角度来讲，自我肯定是孩子构建健康心理的基石。当孩子在内心认可自己时，他便拥有了抵御负面情绪的强大力量。这就好比在内心筑起一道坚固的城墙，将自卑、焦虑等负面情绪挡在城墙外。拥有自我肯定意识的孩子在遇到挫折时更能积极应对，将挫折视为成长的机遇。因为他们相信自己，相信自己具备解决问题的能力。凭借这股信念，他们能迅速调整心态，走出困境。

在社交层面，拥有自我肯定意识的孩子如同温暖的小太阳，吸引他人靠近。他们自信大方，敢于主动与他人交流，在社交场合中表现得从容不迫。自信并非自负，而是源于对自身价值的清晰认知。拥有自我肯定意识的孩子既尊重他人，也懂得展现自身的魅力，因而能轻松建立良好的人际关系，收获真挚的友谊。

在学业层面，自我肯定意识更是推动孩子进步的强劲动力。比如，孩子如果坚信自己有学习的天赋和能力，就会对知识充满渴望，主动探索未知；在面对难题时，孩子不会轻易放弃，而是相信自己能够解决，由此努力寻找解题办法。这种积极的、自我肯定的态度不仅有助于孩子获得好成绩，还能培养他的创新思维，让孩子在学习中不断突破自我。

然而，现实里有诸多因素阻碍孩子形成自我肯定意识。

在家庭方面，父母的教育方式的影响至关重要。若家长习惯批评、指责孩子，孩子就容易形成自我否定的思维模式。长期处于这样的环境中，孩子会对自己的能力产生怀疑，自信心就会逐渐被消磨掉。有些家长还总拿孩子与他人比较，这会让孩子觉得自己永远不够好，内心充满挫败感。

学校环境对孩子的影响同样重大。单一的成绩评价体系会让许多孩子的闪光点被忽视。如果文化课成绩成为衡量一切的标准，那些成绩不佳但在艺术、体育等方面有特长的孩子便会难以获得应有的认可和鼓励。长此以往，他们会对自己的价值产生怀疑，自我肯定意识的发展也会受阻。

既然明确了问题所在，应该如何培养孩子的自我肯定意识呢？

首先，在家庭中，家长要注重日常的语言表达，多给孩子以具体、真诚的肯定。这部分内容前文已详细阐述，此处不再赘述。

其次，建立平等的沟通模式也至关重要。家长要以平等的态度耐心倾听孩子的想法，尊重孩子的选择。当孩子面临选择时，家长不要直接替孩子做决定，而是要引导孩子分析利弊，鼓励孩子坦率地表达自己内心的意愿。

再次，学校也要承担起相应的责任，构建多元化的评价体系。除了成绩，还应关注孩子在品德、艺术素养、创新能力等多方面的表现。设立各种特色奖项，如"文明之星""创意小达人"等，让每个孩子都能在自己擅长的领域得到发展，获得肯定。学校要开展丰富多彩的社团活动，为孩子提供展示自我的平台，让孩子在活动中发现自己的优势，增强自信心。

最后，孩子自己也需要掌握一些方法，比如学会积极的自我暗示。家长可以教孩子每天早上对着镜子告诉自己："我是独一无二的，我有很多优点，今天我一定能过得很精彩。"在遇到困难时，孩子可以在心里默念："我可以尝试一下，即便失败了，也算积累了一次宝贵的经验。"不断强化积极的自我认知，可以提升孩子的自我肯定意识。

综上所述，培养孩子的自我肯定意识是需要家庭、学校和孩子自身共同完成的课题。家庭要给予爱与支持，学校要提供引导与鼓励，孩子自身要积极努力。只有三方合作，孩子才能在成长的过程中拥有自我肯定意识，绽放属于自己的魅力。

失败不可怕

——教孩子正确看待失败

　　阳光洒满篮球场，昱辰站在篮球场上，心中满是紧张与期待。今天是校篮球队的选拔日，为了这一天，他已经准备了许久。每天放学后，他都会在篮球场上练习投篮、运球和传球，满心期待成为校队的一员。

　　选拔开始了，昱辰自信满满地展示着自己的球技。然而，事情并没有他想象中那样顺利。在投篮环节，他的手仿佛不听使唤，连续几次投篮，球都未进篮筐。看着篮球一次次从篮筐边缘弹开，他的心也逐渐沉入谷底。最终，他遗憾地落选了。

　　得知结果的那一刻，昱辰的脸上写满了难过。他没想到，自己付出那么多努力，却依然没能入选。周围同学的欢声笑语在他听起来格外刺耳，他觉得自己仿佛成了一个被所有人嘲笑的失败者。

　　放学回到家里，昱辰把自己关在房间里不想说话，原本爱不释手的篮球也被他扔在了角落里。那之后的一段时间，昱辰对日常活动似乎失去了热情，眼中失去了光彩。

　　像昱辰这样在面对不如意之事时情绪陷入低谷的孩子并不在少数，而这背后，有着深层次的心理和环境因素。

　　孩子在生长发育阶段，大脑中的镜像神经元十分活跃。镜像神经元能让孩子在观察他人的行为时，假想自己也在进行同样的行为，产生强烈的共鸣。这使得他对他人，尤其是伙伴、老师和家长等重要社交对象的评价和反应极为敏感。在上述案例中，身处校篮球队选拔这样的情景，同伴被选中后的喜悦和自己落选后的落寞形成鲜明对比，周围人的反应会被孩子大脑中的镜像神经

元捕捉并放大，进一步加深孩子对失败的负面感受。

　　此外，青春期的孩子处于埃里克森人格发展理论中的"勤奋感对自卑感"以及"同一性对角色混乱"的冲突时期。他迫切需要在学业、社交、兴趣爱好等方面证明自己的能力，获得成就感和自我认同感。一旦在某些事件中遭遇失败，如未能入选校篮球队，就会让他对自身的能力产生怀疑，陷入自卑情绪，

并且在自我角色定位上产生混乱，觉得自己不仅在打篮球方面，甚至在其他方面都可能是失败者。

孩子的成长环境也在很大程度上影响着他对失败的态度。

如果孩子处在过度看重成绩和比赛结果的氛围中，他便会承受巨大的压力。每一次考试的结果、每一场比赛的胜负，都像一个个标签贴在孩子身上。而在家庭中，家长过高的期望和在孩子失败时的不当反应，更是加重了孩子对失败的恐惧。就昱辰而言，他所在的班级或许格外强调比赛的胜负，胜利的同学会获得表扬和羡慕，而失败的则可能被忽视。他的家长在过往面对他的比赛失利时，或许采用了批评的话术，或许表现出了失望的态度，这就使得他对此次在校篮球队选拔中遭遇的失败更加难以接受，觉得自己让所有人失望了。

那么，如何才能帮助像昱辰这样的孩子，转变他对失败的看法呢？

（1）要让孩子明白，失败是成功的必经之路。心理学研究表明，从失败中学习是人类成长和进步的重要方式。当我们经历失败时，大脑会思考、分析，会形成新的神经连接，这有助于我们获得新的知识和技能。篮球巨星迈克尔·乔丹也曾经被校队拒绝，而在他的职业生涯中也遭遇过失败，但他并没有因此放弃，而是通过不断地从失败中总结经验，提升自己，最终成为篮球史上的传奇人物。假设昱辰的家长或教练能给他讲述这样的故事，或许就能引导他认识到：自己这次的失败只是暂时的，只要不放弃，就还有机会。

（2）培养孩子的成长型思维也至关重要。斯坦福大学教授卡罗尔·德韦克提出了固定型思维和成长型思维的概念。拥有固定型思维的孩子，往往认为自己的能力是一成不变的，失败就意味着自己能力不足，意味着自己以后不再有成功的可能性。而拥有成长型思维的孩子则相信，通过努力和学习，自己的能力可以不断提高，失败只是为今后的成功提供的一个学习机会。

　　昱辰落选校篮球队后，在很长一段时间内都提不起精神。原本热闹的篮球场，在他眼中变得不再有吸引力。这天傍晚放学后，他像往常一样路过篮球场。这时，篮球场上的一个身影吸引了他的目光。那是隔壁班的张峰，他正练习着各种运球动作。只见张峰双手快速交替运球，篮球在他的掌控下，像是被施了魔法，灵活地穿梭在他的双腿之间。随后，张峰一个漂亮的转身，高高跃起，篮球在空中划出一道完美的弧线，空心入网。昱辰不禁看呆了。

　　张峰注意到了一旁的昱辰，热情地招呼他一起打一会儿篮球。昱辰有些不好意思地走过去。张峰似乎看出了他的心思，笑着说："我知道你为校队选拔的事不开心，其实我去年也落选了。"昱辰惊讶地抬起头，听到张峰接着说："不过我没放弃，一直在琢磨打球的技巧。刚才那个转身过人的动作，是我练了好久才掌握的。"昱辰心中一动，张峰的经历和自己的如此相似，可他却能积极面对落选这件事，还练出了这么厉害的球技。这让昱辰不禁开始思考，自己是不是也能像张峰一样，努力提升球技，不再总是沉湎于选拔失利的负面情绪中。

　　回到家，昱辰把这件事告诉了父母。爸爸说："儿子，你看，你可以把张峰当作你身边的榜样。确实，只要你练好篮球基本功，肯钻研篮球技术，肯付出努力，就一定能进步。"妈妈也在一旁鼓励道："对呀，小小的选拔失败算不了什么，你要相信自己有无限的潜力。"

　　在父母的鼓励下，昱辰开始重新审视自己的篮球训练。他不再盲目地投篮、运球，而是开始认真研究。他在网上找了很多专业篮球运动员的训练视频，一帧一帧地观看，学习他们的动作要领。接下来，昱辰每天都会花时间练习正确的投篮姿势，从基础的腿部发力、手臂伸展开始，一点儿一点儿地纠正自己的动作。他向张峰请教交叉步运球和转身技巧，并不断地重复练习。

渐渐地，昱辰的球技有了质的飞跃。在一次班级篮球对抗赛中，他多次运用熟练的运球技巧突破对手的防线，漂亮地投篮得分，带领班级取得了胜利。

（3）家长要让孩子知道，无论孩子做某件事的结果如何，自己都会无条件地爱他、支持他。家长这样做，能帮助孩子获得心理安全感，无惧失败。

（4）除了情感支持，家长还需要引导孩子正确归因。所谓正确归因，就是帮助孩子从自身的努力、做事的方法以及外部环境等多方面客观地分析失败的原因，避免片面归因导致的过度自责、内耗或推卸责任。

昱辰的家长和他一起仔细回顾了校篮球队选拔的整个过程。他们发现，在技术方面，昱辰的投篮姿势还存在一些问题，这影响了他的命中率；在体能上，经过长时间的选拔测试，他到后期有些体力不支，导致动作不到位。

此外，选拔当天的场地比较滑，这也是一个不可忽视的外部因素。通过这样的分析，昱辰明白了：这次失败并不是因为自己没有天赋或者不够努力，而是多种因素共同作用的结果。这让他不再一味地自责，而是能够以更理性的态度看待这次失败。

通过昱辰的故事我们可以看到，孩子遭遇失败并不可怕，只要家长能够给予正确的引导，帮助孩子树立正确的失败观，孩子就能够从失败的阴影中走出来，实现自我成长和突破。作为家长，我们要让孩子知道，每一次失败都是一次成长的机会，只要他在正确的道路上坚持不懈，就一定能够迎来属于自己的成功。

第六章

讨好他人不如取悦自己

我们常常能看到，有些孩子为融入集体或获得认可，会做出诸多讨好型行为。这背后，是孩子渴望获得认同的心理。因此，家长要学会引导孩子树立正确的理念，重视自身的感受，做事、交友时要做出符合内心的选择，这样，孩子才能健康成长。

警惕讨好型人格
——让孩子告别低自尊

　　课间，同学们正热热闹闹地分组，为即将到来的文艺会演做准备。大家七嘴八舌地讨论着节目安排，各抒己见。而晨宇则默默地站在一旁，眼神里透着一丝犹豫和渴望。

　　小组分工时，有人提议让晨宇负责收集道具。这可是个既烦琐又累人的活儿，既得跑遍学校各个角落去借服装、找道具，还得随时应对各种突发状况。而晨宇心里其实特别想参与节目策划，他满脑子都是新奇的点子。这些点子像小火花一样在他的脑海里闪烁，他渴望能把它们说出来，让大家眼前一亮。可是，当同学们的目光投向他时，他却下意识地低下头，把到嘴边的话咽了回去，轻轻地点了点头，答应去做收集道具的工作。

　　接下来的几天，他忙得像个陀螺，一个人楼上楼下地跑，累得满头大汗，却毫无怨言。即便在过程中遇到了道具借不到、时间来不及等难题，他也只是咬咬牙，自己想办法解决，从不敢去麻烦其他同学，更别说提出换个任务，让自己也能参与策划了。

看到晨宇这样的表现，我们是不是觉得有些熟悉又有些心疼？其实，在生活中，像晨宇这样的孩子并不少见。他们总是在不经意间把自己看得很卑微，面对他人的要求，哪怕心里再不乐意，也不会拒绝，总是勉强自己去迎合别人。

孩子的这种行为，在有些家长看来可能是孩子"懂事"的表现。但这种看似"懂事"的行为，其背后可能隐藏的是讨好型人格，而讨好型人格又是人产生心理内耗的一大原因。那么，讨好型人格背后，究竟藏着怎样的秘密呢？答案是：低自尊。

根据心理学理论进行深入剖析，低自尊是个体对自身价值与能力进行持续性负面评价的一种心理状态。它并非偶尔的自我怀疑，而是扎根于内心的一种认知，像无形的枷锁，束缚着孩子的成长与发展。

在认知理论中，低自尊个体的自我认知多由消极信息构成。像晨宇这样的孩子，他的过往经历中，可能不断有被否定、被忽视的负面事件发生。这些事件累积、叠加，逐渐构成了他的自我认知框架，他会不自觉地关注并记住那些被否定、证明自己不行的细节，而选择性忽略自身的闪光点与获得成功的经历。比如在课堂上回答问题，即便大多时候回答正确，但只要有一次答错，这件事就会在他心中留下深刻印记，成为证明"自己不够好"这一认知的有力论据。

根据自我实现预言（也叫"自证预言"，是指个体对某个预期的事件持有强烈的信念，这种信念会引导个体采取行动，最终导致预期的事件真的发生），低自尊的孩子往往倾向于向上比较，选择那些在特定领域表现极为出色的同学作为参照对象，从而进一步放大自身的不足，降低对自己的评价，以印证自己"处处不如人"。而这种错误的自我认知经常被他们当作挡箭牌，用来逃避现实。比如：考试考得不好，是理所当然的，因为"我本就不如人"；遇到困难就逃避退缩，也是正常状态，因为"我就是胆小鬼"；甚至甘愿被同学嘲笑、被老师批评，因为"我就是个小丑"……

任何一位家长都可以想象，这样的孩子将要面对多么灰暗的未来。可是，不让孩子成为低自尊的人，形成讨好型人格，这件事说起来容易做起来难。我们究竟应该如何下手呢？

从心理学角度来看，孩子的讨好型人格的形成往往伴随着诸多心理困境，而引导孩子学会勇于表达自我、进行正确的比较，以及家长以身作则，展示健康的人际交往模式，是帮助孩子摆脱困境的关键。

（1）引导孩子学会勇于表达真实想法和感受。依据人本主义心理学（研究人的本性、经验与价值的心理学，强调人的尊严、价值、创造力和自我实现。它认为人天生具有将自己的潜能发挥出来的特性，当人受到创伤时，有自我疗愈的本能；而当条件适合时，又有发展到更高层级的本能）理论，每个人都有自我实现的倾向，而真实的自我表达是实现这一倾向的重要前提。具有讨好型人格倾向的孩子，比如晨宇，长期压抑自己的想法，原因在于他缺乏一个安全、包容的表达环境。家长要在家中营造宽松、包容的沟通环境，要对孩子践行"无条件积极关注"理念。在

安全的环境中，孩子知道，无论自己表达什么，都不会被指责，从而感受到被尊重和被接纳。比如，当晨宇对参与节目策划有想法时，家长可以鼓励他勇敢地说出来，即便想法最终未被采纳也没关系。这能让孩子明白表达本身的价值。随着这样的正向引导不断积累，孩子会逐渐克服内心的恐惧，敢于真实地表达自我，打破压抑的枷锁。

（2）引导孩子进行正确的比较。社会比较理论指出，个体在缺乏客观评价标准的情况下，会通过与他人比较来评估自己。低自尊的讨好型人格的孩子常倾向于向上比较，从而导致自我贬低。家长要引导孩子与过去的自己比较，关注自身的进步，这是一种更为积极、健康的自我评估方式。以孩子考试进步为例，家长要提醒孩子看到因自身努力而带来的成长，这符合自我效能感理论。当孩子意识到，自己通过努力能够取得进步，就会增强自我效能感，相信自己有能力达成目标。这种内在信念的强化，有助于让孩子摆脱因过度与他人比较而形成的自我否定，使孩子将注意力聚焦于自身成长，逐渐建立起积极的自我认知。

（3）家长以身作则，展示健康的人际交往模式，对于改变孩子的低自尊心理状态也极其重要。美国著名心理学家、社会学习理论的创始人班杜拉认为，个体的许多行为是通过观察、学习获得的。在成长过程中，家庭是孩子最重要的观察、学习场所。家长在家庭中相互尊重、平等沟通，就是在为孩子树立良好的人际交往榜样。孩子观察家长的行为模式，会在潜意识中模仿并习得。例如，当孩子看到父母在意见不合时，能尊重对方、以理性的方式沟通和解决问题，而非无条件地迎合另一方，孩子就会明白：在人际交往和与他人的沟通中，平等与尊重是基石，每个人都有自己的尊严和价值，无须讨好他人。长此以往，孩子会在潜移默化中形成健康的人际交往观念，逐步摆脱讨好型人格的束缚，走出内耗，拥有自信的自我，以积极的姿态学习和生活。

从取悦他人到取悦自己

——培养孩子的自尊心和自信心

　　学校组织户外拓展以及野餐活动，这本应是一趟充满欢乐的行程，可敏宜却满心落寞。同一小组的同学喜爱海鲜类食物，准备食材时，敏宜就不顾自己对海鲜过敏，精心挑选各类海鲜食材，她不想因为自己而影响大家野餐的心情。野餐时，她忙前忙后地为大家服务，递餐具、分食物，脸上挂着笑，看大家吃得津津有味，自己却饿着肚子，不敢碰食物。

　　这样的场景，对于具有讨好型人格的孩子来说，再熟悉不过了。前文已经阐述过，具有讨好型人格的孩子常常陷入内耗，弄得自己痛苦而疲惫，而低自尊，则是导致孩子不顾自己的感受去讨好他人的根本原因。

　　从心理学层面来讲，人类作为社会性动物，对群体归属感的渴望是与生俱来的本能。敏宜拼命想要融入集体，获得同伴的认可，是源于马斯洛需求层次理论中对社交与尊重的需求。她害怕一旦拒绝他人的要求，自己就会被孤立。这种想法让她在面对抉择时，总是下意识地选择牺牲自我。

然而，每一次委曲求全过后，她都会感到委屈、失落，因为自己的真实想法被无情地压抑了。在这样的反复的自我压抑后，她开始不断地质疑自己的价值。这种内心的痛苦，如同一个看不见的黑洞，不断吞噬着她的精力与热情，让她感到疲惫不堪。长此以往，她的自尊、自信将受到严重打击，逐渐陷入恶性循环。所以，帮助孩子从取悦他人转变为取悦自己，培养孩子的自尊心和自信心，对家长来说是刻不容缓的事情。

从总是取悦他人到勇敢地取悦自己，这一转变对孩子的成长而言意义非凡。这就像是在黑暗中摸索许久后，终于找到了那把能开启光明之门的钥匙。它能够彻底打开孩子自信的大门，让原本像受惊小鹿般怯懦、总是躲在角落不敢展现自我的孩子，如同破茧而出的蝴蝶，勇敢地振翅高飞，敢于大方地展示自己独特的个性。

那么，究竟要如何帮助孩子实现从取悦他人到取悦自己的华丽转身，真正培养出孩子的自尊心和自信心呢？这绝非一人之力可为，需要家长和老师齐心协力，共同为孩子营造充满爱与鼓励的环境，从多个维度给予孩子全方位的支持。

（1）最为关键的一步是引导孩子正视自己内心的渴望。总是取悦他人的孩子在做事时总是小心翼翼的，因为害怕被拒绝，或害怕失败带来的伤害，总是选择将自己真实的想法深深地隐藏起来。这时候，家长和老师应营造出一个安全、包容的环境，让孩子感受到，无论他说出什么，都不会被批评、被嘲笑。家长应该积极与老师沟通，家校合力，鼓励孩子大胆地表达自己的想法。要通过轻松愉快的日常交流，了解孩子对身边事物的看法，了解孩子对绚烂的未来有着怎样的憧憬，让孩子真切地感受到自己的每一个念头都是宝贵的，都值得被认真倾听和尊重。

当孩子意识到自身的想法、意见以及渴望是被重视的，他就会如同在黑暗中看到曙光，开始学会正视、珍视自己的内心世界。孩子只有真正尊重自己的内心，才能逐渐变得自尊、自信。

（2）教会孩子洞察自己的情绪同样是重中之重，尤其是在孩子因为讨好他人而产生委屈、失落等负面情绪之后。

家长可以通过生活中常见的例子来引导孩子："上次你同桌让你帮他做值日，你答应了，于是自己回家晚了，耽误了上兴趣班的时间，可事后同桌连句'谢谢'都没说，你当时心里是不是特别不好受？"让孩子在回忆中再次感受被忽视、被辜负的情绪。孩子在回忆时，会恍然大悟，意识到自己的行为看似是在为他人付出、帮助他人，实则是在压抑自我、讨好他人，并没有给自己带来真正的快乐与满足。

　　紧接着，家长可以趁热打铁，用启发性的话语引导孩子反思："那下次再遇到类似情况，你觉得怎样做才能让自己心里舒服些呢？是勇敢地拒绝，还是和同桌商量采用其他方式呢？"家长这样进行引导，能让孩子慢慢学会尊重自己内心的真实想法，使孩子逐渐明白：自己的感受就像指南针，是指引行为的重要依据，绝对不能忽视。孩子学会倾听自己内心的声音后，就能在面对选择时，做出更符合自己内心想法的决定，从而减少内耗，在这个过程中悄然变得自尊、自信。

　　值得注意的是，就算孩子决定下次仍然要为同桌提供帮助，家长也不要急于求成，不要责怪孩子"没骨气"。因为改变自己是困难的，对成人来说如此，对孩子来说更是。我们要给足孩子试错的机会。只是，当他感到委屈、痛苦时，我们要积极引导孩子思考自己这么做是否值得，下次是否还要继续。长此以往，孩子会真正认识到讨好他人是使自己痛苦的源泉，从而才能自发地开始改变自己。

总之，帮助孩子从取悦他人转变为取悦自己，培养孩子的自尊心、自信心，这是一项意义深远的工程，需要家庭、学校和孩子自身三方共同努力。家庭，作为孩子可靠的后盾，要给予孩子无尽的爱与支持，让孩子在充满爱的环境中自信成长；学校，作为孩子成长的第二家园，要营造出包容、鼓励的氛围，让孩子在其中自由地探索与成长；孩子自身，作为成长之旅的主角，要积极主动地迈出改变的步伐，勇敢地追求自我，学会尊重自己内心的想法。只有三方相互配合、共同发力，才能助力孩子成功地改变过度取悦他人的想法和做法，彻底摆脱内耗的枷锁，让心灵重新获得自由与活力，自尊、自信，从而收获快乐、幸福的人生。

边界感教育

——让孩子明白自己的底线在哪里

孩子在与外界的互动交流中，如果缺乏边界意识，就很容易像置身于无防护的花园中的花朵，被他人随意践踏，自身的能量也会在不知不觉中被耗尽。边界意识是指个体对于自我与他人之间界限的清晰认知与尊重，包括物理空间、情感空间、时间以及价值观等多个维度。清晰的个人边界

如同坚固的盾牌，能够帮助孩子抵挡他人无端的伤害。学会建立清晰的个人边界，对于孩子而言，是至关重要的人生一课。

许多家长可能没有意识到，孩子之所以边界意识模糊，往往是因为家庭的影响。有些家长在孩子的成长过程中，过度强调分享与友善，却忽视了要教导孩子学会保护个人物品与专属时间、空间等。比如，孩子小时候，玩具被其他小朋友抢走，孩子委屈

地看向家长，家长却只是简单地说一句"你要大方"，便压制了孩子的委屈和不满，没有引导孩子正确表达内心的诉求。久而久之，孩子习惯了忽视自己的感受，理所当然地将别人的需求优先于自己的需求。再比如，有的孩子一直到考取大学之前，都未曾有独属于自己的房间；有的孩子就算有自己的房间，也不被父母允许锁门；等等。这些情况导致孩子不得不把自己的一切赤裸裸地呈现在父母面前，毫无边界、隐私可言。

孩子踏入校园后，渴望融入集体的心理有可能让他不断降低自己的底线。课间时分，有的同学会悄悄议论某个同学"事儿多""矫情"，原因仅仅是人家拒绝分享零食，或者没帮忙做某件事情，等等。有些孩子身处这样的氛围，内心会产生恐惧。他们害怕自己的拒绝被同学视为"小气""不合群"等，于是选择默默忍受，纵容他人侵犯自己的私人空间、心理边界。这时，孩子的内心该有多无奈和委屈啊！

除了家庭和校园环境的影响，孩子自我认知的不足，也使得他难以清晰地设定边界。比如，同学要求孩子替他做值日，孩子虽然并不情愿或放学后有安排，还是会答应下来。这种下意识地迎合他人的行为，不仅消耗体力，更为自己的精神带来沉重负担。长期如此，孩子心中的委屈就会越积越多，如果一直找不到宣泄的出口，孩子的内心就会变得非常压抑。

那到底什么是孩子成长过程中的底线呢？其实，底线就是孩子在面对外界形形色色的情况时，内心始终坚守的原则，涵盖个人物品、时间、空间、感受及需求等诸多方面。比如，孩子的个人物品和空间不能被随意侵占，自己的时间不可以被无端占用，自身的感受应得到尊重，自己合理的需求应该被满足……

那么，作为家长，应该如何引导孩子找到自己的底线呢？

其实，即便是向来习惯于压抑自己情绪的孩子，一旦被人触及底线，也会产生强烈的情绪波动。这种情绪波动会因孩子害怕得罪他人，或者怕自己显得不合群而不被表现出来。

我不内耗了

在学校运动会上，明明报名参加了接力赛。原本的安排是由他跑接力赛的第一棒，为此，他刻苦练习。然而，体育委员却在未与明明商量的情况下，单方面决定将他换到第三棒，理由是觉得原本跑第三棒的同学的起跑反应以及速度更快。得知这一消息的瞬间，明明的内心燃起一股怒火，委屈的情绪也如潮水般涌来。

明明产生如此强烈的情绪反应，是因为他对自己在团队中的角色安排的明确预期被打破，他感觉自己被忽视、不被尊重；他感到愤怒和委屈，是因为他内心的底线被触及。由此可见，当孩子产生愤怒、委屈等负面情绪时，往往意味着他内心的底线已悄然被触及。家长要引导孩子注意自己的情绪波动，告诉孩子：他的情绪产生强烈波动，也许意味着他人触及了自己的底线，他需要用合理的方式来维护自己的权益。

此外，如果基本需求长期得不到满足，孩子的内心也会产生诸多不满。这种不满也是底线存在的暗示。

　　琪琪非常喜欢绘画，一直渴望拥有一个专属于自己的绘画空间，让自己能够自由摆放画具，尽情展示自己的作品。然而，现实却不尽如人意：因为家里的空间有限，她只能在餐桌的一角画画，每次画画后都得把画具一一收起。久而久之，琪琪对于不能尽情画画这件事产生了极大的不满，连画具都懒得拿出来了。

琪琪对专属绘画空间的渴望未得到满足，她对此感到不满，内心深处隐藏的则是对自己被家人忽视、没有自我空间的不满。这种不满说明琪琪在个人空间方面的底线是拥有不被侵占的私人空间，同时自己要受到重视，自己的基本要求要能够得到满足。

此外，人际交往是孩子生活的重要组成部分。在人际交往的过程中，孩子若感觉自己的边界被侵犯，内心会本能地产生抗拒感，这也可以帮助孩子明确自己的底线。

每周三下午，是学校安排的在学校图书馆阅读的时间。这天，阳阳靠在窗边，安静地读着一本书，沉浸在书中描绘的场景中，享受着阅读的快乐。可小天却不识趣地频繁打扰阳阳，一会儿问阳阳带没带零食，一会儿和阳阳说"好无聊啊"。尽管阳阳多次好言提醒小天不要打扰自己，小天却依旧我行我素。此时，阳阳内心的厌烦情绪如火山喷发般难以抑制，他深切地感受到自己安静阅读的权利被他人侵犯了。

我不内耗了

这种厌烦的情绪让阳阳清晰地意识到，在与同学相处时，自己坚守的底线就是不容许他人随意打扰自己安静学习。

除了以上这些，孩子的价值观在成长过程中也起着举足轻重的作用。当面临与自身价值观相悖的情形时，孩子的内心会涌起强烈的抵触情绪，这便是价值底线（指一个人或组织坚守的价值观和原则）被触碰的危险信号。

　　学校组织了一次社会实践，老师把班里的同学分成不同的小组，要求每个小组的成员共同完成一份社会实践报告。小组中的个别同学为了省事，提议上网找一篇文章抄抄即可。听到这个提议的瞬间，明轩的内心泛起一阵反感：同学的提议与他一直秉持的诚实守信的价值观背道而驰。

　　内心产生的这种反感情绪，让明轩瞬间明确了自己在价值观方面的底线，无论何时何地，他都绝不会违背自己的价值观，做出抄袭行为。

　　引导孩子从内心的感受出发发现自己的底线，需要家长和老师付出耐心与细心。家长和老师作为孩子成长道路上的重要引路人，要时刻留意孩子的情绪变化、需求表达，以及在人际交往中的种种表现。当家长和老师发现孩子可能处于底线被触及的情境时，要及时伸出援手，与孩子倾心沟通，帮助孩子梳理内心的感受，让孩子有底气维护自己的底线。

设定个人边界
——教孩子保护自己的精力

上一小节阐述了如何通过边界感教育让孩子找到自己的底线。找到自己的底线仅仅是边界感教育的第一步，之后还有一个至关重要的步骤——设定清晰的个人边界。因为只有设定了清晰的个人边界，孩子才能真正有效地保护自己的精力，避免在生活的方方面面无谓地消耗精力，从而更好、更健康地成长。

勇敢自信做自己

从身心健康的角度来看，设定个人边界，就像为自己构建出一个自在的、独立的个人空间。孩子在属于自己的个人空间中，无论是专心学习，还是放松休息，都能有效地保护自己的精力，避免过度劳累与焦虑。

没有个人边界的孩子对于他人的越界行为毫不敏感。他们任由自己的课余时间被同学随意占用、自己的学习计划被打乱，等等，导致晚上熬夜赶作业，睡眠不足，第二天精神萎靡，心情烦躁。如此一来，孩子因为总是被干扰，精力被大量消耗，从而在多方面受到负面影响。

而成功设定个人边界的孩子则能按照自己的意愿有序地安排自己的时间、生活。他们除了能按时完成学业任务，还有时间阅读喜欢的书籍、发展兴趣爱好，每晚都能轻松入睡，身体健康，心情愉悦，学习状态也很好。这是因为他们通过设定清晰的个人边界，将自己的精力集中在对自身成长有益的事情上，而不是被他人无端消耗。

在培养独立自主的人格方面，清晰的边界也起着关键的支撑作用。一旦孩子明确了个人边界，就能依据自己内心的真实想法做相关决定，不再盲目跟风。例如，有的孩子在小组讨论中，起初总是随声附和他人的观点，即便自己有不同的意见也不敢表达。但随着个人边界的设定，他开始敢于坚持自己的见解，勇敢地表达，面对选择时，也能以自身需求为导向，果断做出决定。如此一来，孩子会渐渐变得更有主见，成长的步伐也更加坚定、自信。当孩子在做决策时不被他人随意干扰，能独立思考并做出选择，他的精力会受到保护，他也能避免因盲目迎合他人而陷入无意义的争论或采取无意义的行动，而是把精力聚焦在自我成长和发展上。

对于促进社交健康，清晰的个人边界更是必不可少的。它不仅能让孩子身边的朋友清楚地知晓孩子的底线，还能帮助孩子吸引尊重他人边界的朋友，从而构建起良性互动的社交圈。

个人边界模糊的孩子常会被所谓的朋友"欺负"。比如，自己的文具、零食被朋友随意取用；自己帮朋友做事，对方却丝毫没有谢意，弄得自己内心委屈……孩子没有设定个人边界，自己的精力就容易被大量消耗在处理不愉快的事情上，心情也会受到极大影响。

勇**敢**自信做自己

而个人边界清晰的孩子身边围绕的则是懂得相互尊重的伙伴。大家彼此理解，相处融洽，一起学习、玩耍，共同成长进步，社交也真正成为滋养心灵的源泉。孩子在这样的社交中不需要花费精力应对他人不合理的要求和行为，能够享受社交带来的乐趣，自然能将更多精力投入学习和自我提升等方面。

明白了个人边界的重要性后，家长应如何帮助孩子设定清晰的个人边界以保护孩子的精力呢？

（1）家长要教导孩子明确个人物品的归属权。孩子可以给文具、书籍贴上写有自己名字的标签，如同给这些物品赋予专属"身份证",让人一眼便知它们的归属;拥有专属于自己的收纳盒或抽屉,妥善放置自己的重要物品,设定明确的物理边界;制定清晰的借用规则,并温和而坚定地告知同学,如"借之前要问我,用完后要及时还给我"。通过明确个人物品的归属权,孩子能避免因物品被随意占用或丢失而焦虑,免于被无谓地消耗精力。

(2)家长要引导孩子规划每天的时间,利用日历、日程表等,清晰地设定学习、娱乐、休息的时段。一旦有人在特定时段打扰自己,孩子能礼貌且明确地捍卫自己的时间,比如,能够拿出日程表,从容地回应:"现在是我的学习时间,咱们晚点儿再聊。"合理规划时间,能让孩子将精力精准地分配给不同的事务,避免时间被无端浪费,从而提高精力的使用效率,保证学习和生活的质量。对时间进行规划,是帮助孩子设定个人边界的重要方式。

(3)家长还要引导孩子学会表达感受与需求。家长可以在日常生活中帮助孩子建立一个表达感受的语料库,收集如"我觉得不舒服""我现在不方便""这让我有点儿为难"等表达,让孩子在面对不同场景时有话可说。比如,当有人插队时,孩子能自然地说"你插队让我心里不舒服。大家都在排队,请你遵守秩序";当小组作业分工不合理时,孩子能勇敢地提出"我希望重新公平地分配任务,不然任务太重,我完成不了"。

通过模拟课间冲突、小组合作、朋友相处等各种情境，让孩子反复练习表达，逐步克服内心的胆怯，帮助孩子在人际交往中设定个人边界，明确地知道并表达出什么是自己可以接受的，什么是不能接受的。当孩子能够清晰地表达自己的感受或需求时，就能避免因压抑情绪而产生精神内耗，同时也能让他人清楚自己的边界和底线是什么。

面对他人的越界行为，表达同样重要。对于他人轻微的越界的行为，温和提醒法较为合适。比如，当同学未经允许拿孩子的零食吃时，家长要告诉孩子，他可以微笑着说："你下次拿之前先问我哟。"这样说，既不伤和气，又巧妙地点明了对方的不妥之处。家长可以和孩子多次模拟练习，让孩子拿捏好温和提醒的语气与措辞。这样，既能帮助孩子维护良好的人际关系，又能让孩子避免因过度容忍而导致精力被持续消耗。

勇敢自信做自己

但是，当遭遇严重的越界行为时，孩子如果仅会进行温和的提醒，而不懂得坚定地回击，那么孩子的自尊心、时间和精力都会被大量消耗。因此，家长要告诉孩子，如果遇到他人挑衅、频繁侵犯我们的边界的恶劣情况，必须坚定地回击。比如，被同学不断嘲笑或被同学强行占用自己的物品，孩子必须严肃地表明："你这样做让我很生气，请立刻停止，不然我会告诉老师。"孩子要用明确的态度捍卫自己的尊严与权益。家长可以通过情景模拟，从情绪控制、言语表达，到跟进措施，帮助孩子全方位提升应对他人越界情况的能力。这既能帮助孩子明确自己的底线，也能让孩子学会如何去维护自己的底线。

（4）在孩子设定个人边界的过程中，家长要做好榜样。比如，进孩子的房间前要敲门，借用孩子的东西要及时归还并道谢。这些看似微小的举动，能让孩子在潜移默化中学会尊重自己和他人的边界。当孩子遭遇越界困扰，向家长倾诉时，家长要耐心倾听，设身处地地帮孩子分析，给出切实可行的建议，如："你同学总是借钱不还，你可以直接说不借。因为这是你的钱，你有权决定是否借出。"要让孩子感受到来自家长的支持。而一旦孩子成功地捍卫了自己的边界，家长一定要及时表扬孩子，用实实在在的肯定强化孩子的行为，让孩子愈发自信、坚定。

家长的这些行为，能引导孩子树立正确的边界观念，能让孩子更好地保护自己的精力，身心健康地成长。

拒当"好好先生"
——教孩子学会说"不"

悦瑶的成绩一直很好，她尤其擅长写作，笔下的文字灵动而富有感染力，老师常常把她的作文当作范文在全班朗读。然而，最近的她却感觉很迷茫，不知如何是好。

勇敢自信做自己

事情是这样的：学校文学社接到通知，要参加一场在全市极具影响力的比赛，这对于社团来说，既是挑战，更是荣誉。文学社社长想在这场比赛中一举夺魁，立刻考虑起参赛人员。当他想起悦瑶时，一下子兴奋起来。社长火急火燎地找到悦瑶，言辞恳切又带着几分急切："悦瑶，这次比赛对咱们社团太重要了。你文笔好，就辛苦辛苦，一定要在这一周内赶出三篇高质量稿件。咱们文学社全靠你了！"悦瑶听到这个请求，心里"咯噔"一下，她下意识地看了看课桌上的课本和练习册。各科老师已经反复强调，下周就期末考试了，这可是检验学习成果的关键时刻啊！可看着社长满怀期待的眼神，那句"我没时间"就像被卡在了喉咙里，怎么也说不出来。最后，悦瑶只能咬着牙，点了点头应承下来。那一周，悦瑶每天放学后，匆匆扒拉几口饭，就坐在书桌前，一边是尚未完成的作业，一边是亟待创作的稿件。深夜，她房间里的台灯还亮着，手指在键盘上机械地敲击着，她感觉很疲惫。

就这样，三篇稿件总算是交上去了，可悦瑶的期末考试的成绩却不理想。再看那几篇赶出来的文稿，连她自己都觉得空洞乏味，毫无灵气可言。

曾经自信满满的她，此时充满了焦虑和自我怀疑。她不停地问自己："我当时为什么要答应写三篇稿件？我怎么那么糊涂？"她陷入自责和内耗中，情绪十分低落。

我们的孩子会不会也像悦瑶一样，常常因为不懂拒绝，而让自己疲惫不堪，内心纠结挣扎，陷入内耗？

生活中，我们常见到许多孩子拥有丰富的知识储备，他们能在课堂上侃侃而谈，对各种问题发表独到的见解。然而，当面对需要拒绝他人请求的社交情境时，他们却可能瞬间变得手足无措。当班干部以不容置疑的口吻安排任务："这次活动你负责这一块，就这么定了。"当好友满脸笑意、理所当然地开口："我的零花钱都花光啦，你借我点儿钱，我过两天就还你。"孩子可能满脸通红，想要婉拒，可话到嘴边，却怎么也说不出口。他害怕自己措辞不当，让场面变得尴尬或引发冲突，甚至会因此失去朋友，于是选择默默接受，把不情愿都咽进肚子里。每发生一次这样的事，都会加重孩子的心理内耗。因此，拒当"好好先生"，学会说"不"，对孩子而言意义重大。

孩子学会合理拒绝，就能卸下内心不必要的负担，消除内耗，将有限的精力聚焦于学业提升与个人兴趣发展上。同时，当孩子不再随意答应他人的请求，而是根据自身实力与意愿做出抉择时，他也就学会了捍卫自己的边界。他不再因为害怕得罪人而

勇敢自信做自己

小心翼翼，在社交中变得更加从容、自信，吸引到真正彼此尊重、互相理解的朋友。

但是，学会拒绝他人并不容易，需要孩子拥有强大的内心。作为家长，我们不妨引导孩子从以下几方面努力，让孩子真正学会恰当地表达拒绝。

（1）真诚，是人际交往中的"必杀技"。在拒绝时也可以

展现真诚。比如，当考试前有同学心急火燎地向孩子借复习资料，并要求孩子帮忙划重点时，孩子如果没时间，可以这样回应："我自己也在紧张复习呢，现在实在抽不出时间帮你划重点。你先抓紧时间看看书，要是有不懂的，课间我给你讲。"这样说，既坦诚地说出了自己的处境，让对方了解自己并非故意推脱，又给出了一个真诚、合理的方案，不至于让同学觉得被拒绝很尴尬。再比如，面对社团负责人安排的超量任务，孩子可以诚恳地说："这次的任务量对我来说实在太大了，我手头还有学习任务要赶，按我目前的精力，只能承担其中的一部分。咱们一起商量商量，你费心协调安排其他人做另一部分吧。"语气中要带着尊重，态度要坚定且明确，让对方知道自己的边界。

（2）内心纠结、犹豫时，理性地权衡利弊。有时孩子接到对方的请求后，内心可能非常纠结。这时，家长可以引导孩子在纸上列出答应和拒绝各自的利弊。这是一个帮助孩子理清思绪的好方法。比如，孩子被邀请参加周末的一个庆祝派对，但下周有重要考试，答应的话，固然能享受派对的欢乐，可是复习的时间会被大幅压缩，成绩有可能因此而受影响，这样，孩子在玩的时候可能会焦虑；拒绝虽然会错过一时的热闹，却能保障自己在考试前心态平稳，有充足的时间复习、巩固知识，以平和的状态迎接考试。通过这样清晰的对比，孩子就能依据利弊果断抉择，摆脱犹豫带来的内耗。

（3）以幽默的方式婉拒他人的请求。生活中，总有一些非原则性、略带玩笑的请求，我们如果一本正经地拒绝，可能会破坏轻松的氛围，这时候，幽默风趣的回应就派上用场了。比如，同学提议放学后一起打会儿游戏，孩子可以幽默地回应："我可不敢啊，我妈可厉害着呢，我还想'保命'呢，你自个儿小心哟。"用幽默的方式回应对方，既表明自己不会参与的态度，又不会让同学感到尴尬，甚至还能引得对方一笑，化解潜在的矛盾。家长可以和孩子一起整理出幽默的拒绝对方的句式，比如："我这小身板儿可扛不住来自老师的狂风暴雨，这事儿我真帮不了你。""我要是去了，我妈的'狮吼功'能把我震到外太空，饶了我吧！"让孩子学会有趣的表达，在轻松愉悦的氛围中

勇敢自信做自己

拒绝对方的请求，减轻自己面对不想答应的请求时的心理压力，让拒绝变得轻松又自然。

孩子的能量和精力有限，内耗的必然结果是无心亦无力去应对学习、成长以及人际交往中的种种挑战，最终身心俱疲。

孩子之所以产生内耗，源于自身高敏感、高需求的特质，以及受到家庭、学校、社会等多方面环境因素的影响。

"教育的本质是一棵树摇动另一棵树，一朵云推动另一朵云，一个灵魂唤醒另一个灵魂。"孩子的成长需要我们用心去呵护，用爱去引导。希望本书所提供的方法和建议，能够帮助家长成为孩子成长道路上的引路人，帮助孩子摆脱内耗，让孩子在充满阳光的环境中放松身心，积极、健康地奔赴更美好的未来。